空间解剖收纳术

拯救小户型

[日]伊藤茉莉子 [日]工藤绘美子 [日]三木嘉子 著　　汪婷 译

中国青年出版社

想珍惜与家人
共度的时光。

序言

在开始整理房屋之前，
先想象一下你理想中的
场景吧。

在整理房屋时，你是否总是满足于买了新的收纳工具，然后把物品全部塞进去了事呢？把乱七八糟的物品全部放进收纳工具中，却看不见里面都装了些什么，只会令你更加混乱，不知道物品都收在哪里。如此一来，物品用过后无法放回原位，根本不能长时间保持房屋整洁。

在开始整理之前，请先思考一下你想要过怎样的生活。

想在绿植的环绕中
享受独处的时光。

想邀请朋友来家里聚会。

工作很累，
回家之后想尽量放松一些。

有了对理想生活的大致想象之后，就可以制定一个具体的收纳计划。这样一来，在收纳过程中感到毫无头绪的时候，可以根据自己的目标选择最佳方式。同时还有助于保持收纳的动力，降低失败的可能性。

想在家里摆满时尚美观的家具，
过上美好生活。

解决方法如下！

收纳还挺难的……

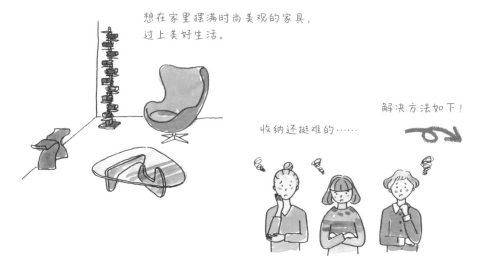

目录

2 | 摆脱脏乱房间的技巧

3 优质收纳技巧

专栏

1

房屋整洁的秘密

定睛看才发现家里乱七八糟的。

明明只是正常生活而已啊……

三位人气收纳高手将帮助大家解决这一烦恼。

让我们一起通过房屋收纳术让家变得更加整洁美观吧。

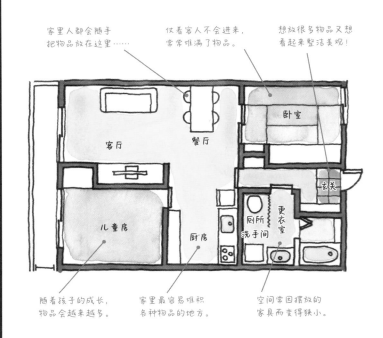

家里人都会随手把物品放在这里……

仅着客人不会进来，常常堆满了物品。

想放很多物品又想看起来整洁美观！

卧室

客厅　餐厅

玄关

儿童房　厨房

厕所洗手间

更衣室

随着孩子的成长，物品会越来越多。

家里最容易堆积各种物品的地方。

空间常因摆放的家具而变得狭小。

每天生活在家中，很容易习惯和忘却。
在某个瞬间觉得"这里应该怎样会更好"时，
千万不要忽视这个念头。

现在，家里令你感到不便的地方或是令你烦恼的事情是什么呢？生活中难免会感到居室空间存在不便之处。第一步先从找出家里令你忧心的房间开始吧。

接下来，要理清哪个房间是用来做什么的，需要用什么物品。有人在洗手间化妆，也有人在餐桌上化妆，不同的人在房间里的行为会有所不同。只要了解自己在不同的房间需要哪些用品，就可以知道自己应当如何收纳了。

收纳时，应选择与要收纳的物品尺寸相符的收纳工具。

在房间里做的事情，使用的物品

玄关

[迎来送往]

鞋、扫帚、婴儿车、运动用品、伞、园艺工具、信件

厨房

[做饭]

厨房家电、毛巾、餐具、调料、干货、蔬菜、米

洗手间·更衣室

[整理仪容]

化妆品、个人护理用品、杯子、洗浴用品、清洁剂、吹风机

客厅·餐厅

[吃饭、休息放松]

遥控器、纸巾、指甲刀、圆珠笔、报纸、手机、平板电脑

厕所

[解手、一个人独处]

厕纸、扫除工具、空气清新剂、毛巾、个人护理用品、书

卧室

[睡觉、更衣]

衣服、包、行李箱、相册、书、床上用品、被褥干燥机、平板电脑

儿童房

[玩耍、学习、睡觉]

衣服、校服、玩具、户外玩具、学习用具、书、电脑

原因与对策 1

物品太多，收纳工具的尺寸不合适

堆在收纳家具上的衣物。

衣服太多了，抽屉不好关上。

唔，扔掉太可惜了……

「将来总有机会穿的」相当于「永远不会再穿了」。

↓

要清楚目前生活所需衣物的合理数量。

原因与对策 2

搞错了整理的顺序

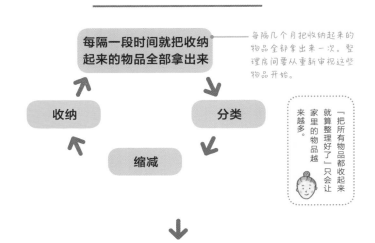

每隔一段时间就把收纳起来的物品全部拿出来

每隔几个月把收纳起来的物品全部拿出来一次。整理房间要从重新审视这些物品开始。

分类

缩减

收纳

「把所有物品都收起来就算整理好了」只会让家里的物品越来越多。

↓

在收纳前要先进行整理。

原因与对策 3

没有将物品收纳在符合生活动线和日常行为的地方

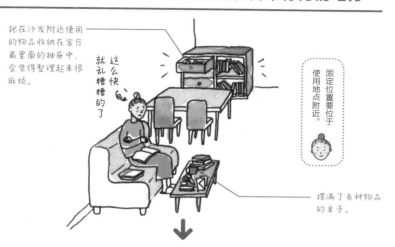

物品的固定位置要在使用地点的旁边。

原因与对策 4

收纳空间与物品的尺寸不符

来学习根据物品尺寸进行收纳的收纳术吧！

收纳空间有必要设置在卧室内吗

可以设计一间专门用于收纳的房间

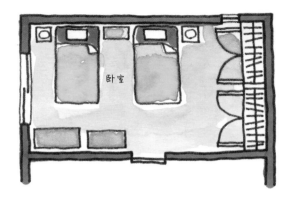

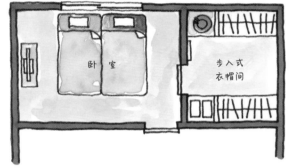

"在卧室里安装壁柜"与
"在卧室旁边设置一个步入式衣帽间"有什么区别？

在　卧室里摆放衣柜或安装壁柜称为"分散收纳"，而特地设置像步入式衣帽间和食品储物室之类用于收纳的房间，我们称之为"集中收纳"。两者既有优点，也有缺点。最重要的是根据物品的具体使用情况分别收纳。

使用频率高的物品要在使用物品的房间里找地方收纳，因此适合分散收纳。用的时候可以迅速拿出来，用完也能迅速收起来，这样就不会四处乱放了。

而那些偶尔才会使用的物品、衣物、箱包、客用物品和季节性家电等比较适合集中收纳，可以放置在专门用来收纳的房间。这样一来，客厅和卧室等家人日常起居的房间便容易保持整洁。

基础知识 1

按需使用分散收纳与集中收纳

巧妙利用集中收纳与分散收纳，
让房间不仅看起来更整齐，使用起来也更方便。

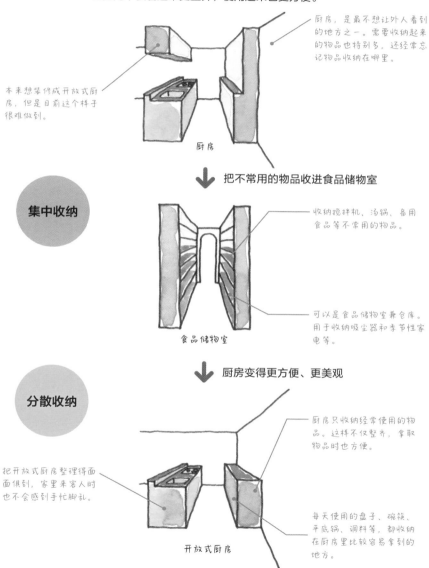

厨房，是最不想让外人看到的地方之一。需要收纳起来的物品也特别多，还经常忘记物品收纳在哪里。

本来想装修成开放式厨房，但是目前这个样子很难做到。

厨房

⬇ 把不常用的物品收进食品储物室

集中收纳

收纳搅拌机、汤锅、备用食品等不常用的物品。

可以是食品储物室兼仓库。用于收纳吸尘器和季节性家电等。

食品储物室

⬇ 厨房变得更方便、更美观

分散收纳

厨房只收纳经常使用的物品。这样不仅整齐，拿取物品时也方便。

把开放式厨房整理得面面俱到，家里来客人时也不会感到手忙脚乱。

每天使用的盘子、碗筷、平底锅、调料等，都收纳在厨房里比较容易拿到的地方。

开放式厨房

分散收纳和集中收纳的优缺点

有优点就会有缺点。
让我们重新思考一下选择收纳方式时应优先考虑什么。

有时候太忙了，卧室里的壁柜就会一直敞开着。

卧室的墙面收纳

分散收纳

优点

· 使用时可以迅速拿出来。
· 不需要太大的空间。

缺点

· 房间容易变得乱七八糟。
· 物品用完总是忘记收起来。
· 收纳量增加后，房间会变得很拥挤，产生压迫感。

如果毫无计划地乱塞一通，想要拿物品的时候简直难如登天……

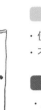

步入式衣帽间

集中收纳

优点

· 收纳量很大。
· 突然有客人到访时，能迅速把屋里的物品收起来。

缺点

· 需要过道，比较占面积。
· 在过道堆放物品时，用起来很不方便。

基础知识 3

实现梦想的集中收纳

在家中很难做到随处都有集中收纳的空间。
请先想象一下自己的理想生活，然后为实现这一理想生活去设置集中收纳的空间吧。

**实现开放式厨房的
食品储物室**

在厨房旁设置一个食品储物室，厨房便不再那么拥挤了。

**整洁的卧室
需要步入式衣帽间**

在卧室旁设置一个大容量的步入式衣帽间，卧室里只需要放一张床就可以了。这样便可以在简洁的卧室里得到充分休息。

**保持玄关美观的
衣帽间**

在玄关旁设置一个衣帽间，玄关便可以保持整洁。有客人到访时也不用担心。

**整洁的客厅
需要客厅储物间**

在客厅旁设置一个仓库（客厅储物间），客厅便能一直保持整洁。

基础知识 4

集中收纳空间的装修方法

最优先考虑取出和放入物品时是否方便。柜子不要安装柜门。
柜子高度要一直顶到天花板。

不要浪费这部分空间。

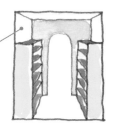

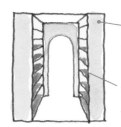

全面利用墙面提高收纳能力。

使用开放式柜子，便于一眼就能看清楚什么物品放在哪里。

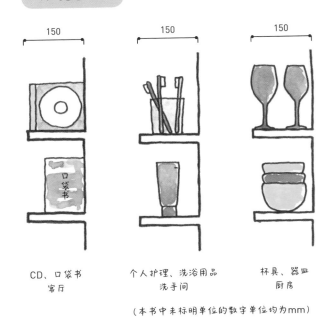

深150mm

| 150 | 150 | 150 |

CD、口袋书
客厅

个人护理、洗浴用品
洗手间

杯具、器皿
厨房

（本书中未标明单位的数字单位均为mm）

你有没有考虑过常用物品的尺寸？
来重新审视一下需要收纳的物品尺寸与收纳空间的深度吧。

正 如物品有尺寸，收纳空间也有适合收纳物的"深度"。这一点显而易见却总是容易被忽视。请环视一下整个房间。你有没有把不同尺寸的物品放在同一个柜子里呢？

如果没能选择物品尺寸与深度刚好相符的收纳空间，便容易在空出来的空间里摆放其他物品，并会导致放在里面的物品不好拿出和放入，从而产生诸多不便。让我们先从选择符合物品尺寸的收纳空间开始吧。

现有的收纳空间中与物品尺寸不相符的部分都是需要改善的地方。可以利用DIY和一些实用工具来改善收纳空间与物品尺寸之间的差异。

深 300mm

传真机、相册
客厅

茶具、盘子
厨房

深 350mm

高跟鞋、皮鞋
鞋架

深 400～500mm

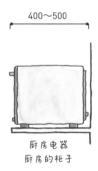

厨房电器
厨房的柜子

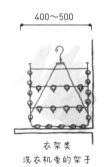

衣架类
洗衣机旁的架子

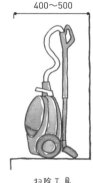

扫除工具
走廊的收纳空间

深 600mm

衣服、大衣
衣柜

深 800mm

季节性装饰
楼梯下面的收纳空间

床上用品
壁柜

生活与物品及收纳间的关系

什么是符合生活动线的理想收纳形式

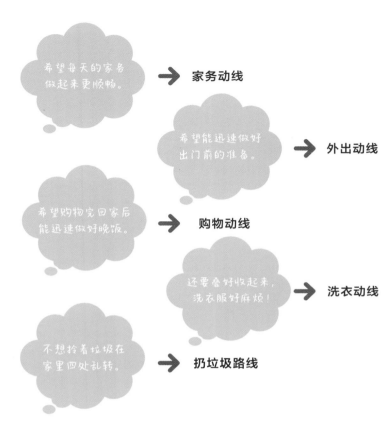

希望每天的家务做起来更顺畅。 → **家务动线**

希望能迅速做好出门前的准备。 → **外出动线**

希望购物完回家后能迅速做好晚饭。 → **购物动线**

还要叠好收起来，洗衣服好麻烦！ → **洗衣动线**

不想拎着垃圾在家里四处乱转。 → **扔垃圾路线**

首先要明确自己认为最重要的生活动线是什么。
让我们先从日常的烦恼与希望开始思考吧。

回到家里以后，先脱鞋再脱外套，之后摘下帽子，放下包，洗手，最后换上居家服来到客厅……在家中的各种生活行为都关系到物品的使用。

从生活动线上看，步入式衣帽间（W.I.C）集中收纳的空间能够保持房间整洁。然而从现实角度看却有很多限制，比如房屋的面积以及价格问题等。因此，想要在所有生活动线上都规划出理想的集中收纳空间十分困难。

此时，对理想生活的想象就变得尤为重要。根据自己的理想排好先后顺序，想好"对自己而言最重要的生活动线是什么"，然后在这条动线上建立一个物品与收纳空间的关系。

动线①家务动线

利用食品储物室

在家务动线顺畅的空间里，每天做家务都不会有压力。
先来分析一下自己的行为模式吧。

取出食材 ➡ 做饭 ➡ 洗衣服 ➡ 晾衣服

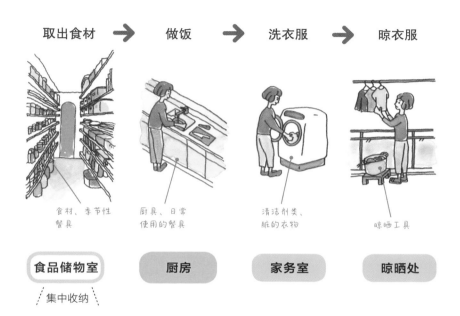

食材、季节性餐具　　厨具、日常使用的餐具　　清洁剂类、脏的衣物　　晾晒工具

食品储物室　　厨房　　家务室　　晾晒处

集中收纳

⬇ 平面图

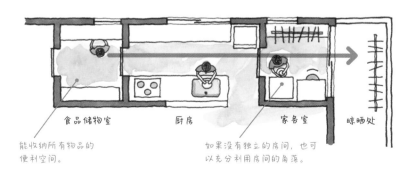

食品储物室　　厨房　　家务室　　晾晒处

能收纳所有物品的便利空间。

如果没有独立的房间，也可以充分利用房间的角落。

希望出门前的动线可以轻松一些

只要规划好外出动线，忙碌的清晨也不会感到手忙脚乱。
来重新审视一下必需品所放的位置吧。

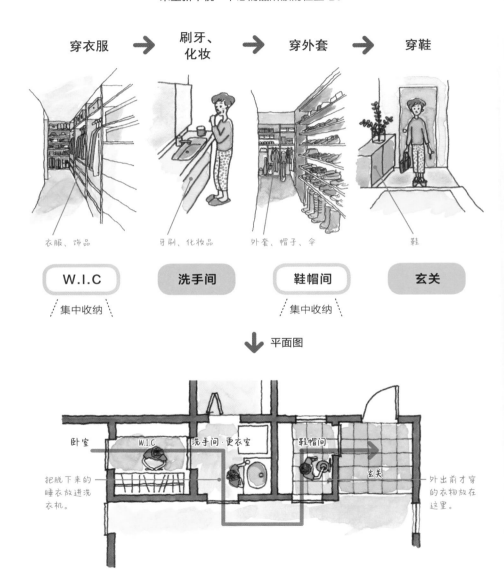

穿衣服 ➡ 刷牙、化妆 ➡ 穿外套 ➡ 穿鞋

衣服、饰品　　牙刷、化妆品　　外套、帽子、伞　　鞋

W.I.C　　洗手间　　鞋帽间　　玄关

集中收纳　　　　　　集中收纳

↓ 平面图

卧室　　W.I.C　　洗手间·更衣室　　鞋帽间　　玄关

把脱下来的睡衣放进洗衣机。

外出前才穿的衣物放在这里。

动线③购物动线

购物完回家后能顺畅地开始做家务

如果脱掉外套后就能立刻把满满两大购物袋的物品全部整理好，
一定非常方便吧。

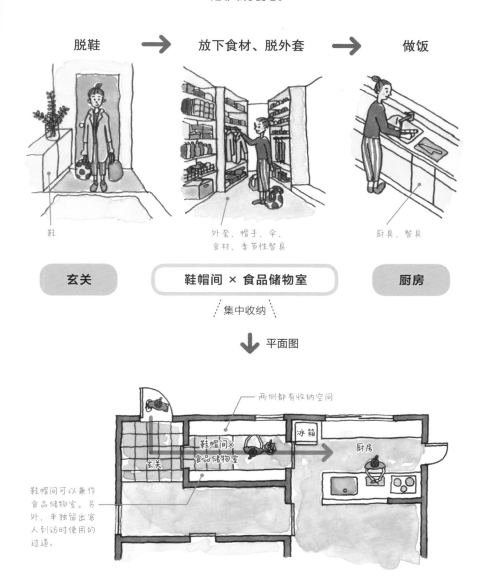

脱鞋 ➡ 放下食材、脱外套 ➡ 做饭

鞋

外套、帽子、伞、
食材、季节性餐具

厨具、餐具

玄关

鞋帽间 × 食品储物室

厨房

集中收纳

⬇ 平面图

两侧都有收纳空间

冰箱

鞋帽间×
食品储物室

玄关

厨房

鞋帽间可以兼作
食品储物室。另
外，单独留出客
人到访时使用的
过道。

动线④洗衣动线

洗衣服方便与否最重要

洗衣服是步骤繁多又麻烦的一件家务。
也可以偏重于自己认为最麻烦的家务动线，并依照动线规划房间的布局。

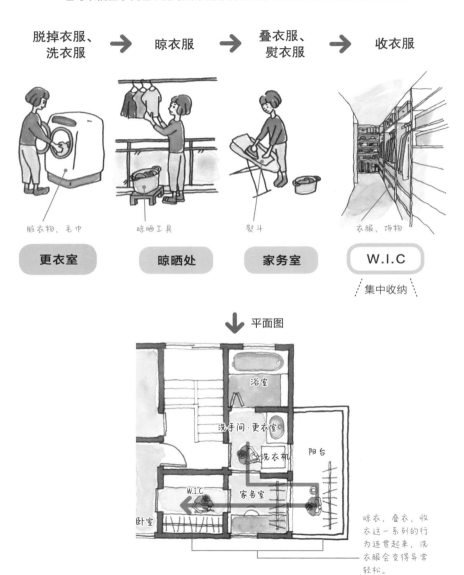

脱掉衣服、洗衣服 → 晾衣服 → 叠衣服、熨衣服 → 收衣服

脏衣物、毛巾 　　晾晒工具 　　熨斗 　　衣服、饰物

更衣室 　　**晾晒处** 　　**家务室** 　　**W.I.C**

集中收纳

平面图

浴室

洗手间·更衣室

洗衣机

阳台

W.I.C

家务室

卧室

晾衣、叠衣、收衣这一系列的行为连贯起来，洗衣服会变得异常轻松。

动线⑤扔垃圾动线

希望能消除扔垃圾的压力

将暂时存放垃圾的地方设置在室外，屋内就不会有异味，也更加卫生。
量再大也能一次全部扔掉。

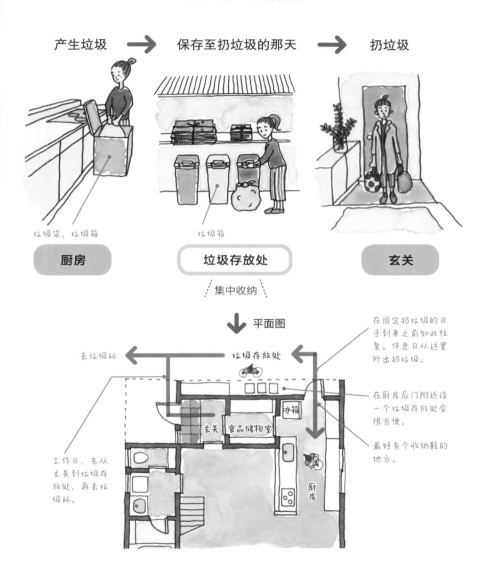

产生垃圾 ➡ 保存至扔垃圾的那天 ➡ 扔垃圾

垃圾袋、垃圾箱　　　　垃圾箱

厨房　　**垃圾存放处**　　**玄关**

集中收纳

⬇ 平面图

去垃圾站　　垃圾存放处

玄关　食品储物室　冰箱

厨房

在固定扔垃圾的日子到来之前如此往复。休息日从这里外出扔垃圾。

在厨房后门附近设一个垃圾存放处会很方便。

最好有个收纳鞋的地方。

工作日，先从玄关到垃圾存放处，再去垃圾站。

高手的收纳术

讨厌整理房间的三人成为收纳高手的原因

三位人气收纳高手

擅长利用实用工具的
收纳高手
绘美子

与丈夫两个人生活。
住在出租公寓，夫妻双职工。一级建筑师。
爱好：网球、露营。
擅长利用能在10元店和建材市场等地方随手买到的
实用工具，制作出便宜、简单又美观的收纳空间。

擅长DIY的收纳高手
嘉子

与丈夫和3个孩子共5个人一起生活＋宠物：狗。
住在自有住房，全职主妇。建筑专业毕业。
爱好：拍照、做点心。
每日忙于照顾3个年幼的儿子和家务，同时也在享受
自己喜爱的DIY乐趣。
10年前购买了成品房，擅长自己动手将房屋改造成
方便整理的状态。

擅长房间布局的收纳高手
茉莉子

与丈夫和孩子3个人一起生活。
住在分售的高层公寓，夫妻双职工。
爱好：做饭、家庭聚会、瑜伽。
一级建筑师。曾参与过许多住宅的设计工作，因此十分
擅长设计实用的收纳空间。
最近刚刚把自己的家改造成方便整理的状态。

擅长利用实用工具的收纳高手 绘美子

　　我本来很讨厌整理屋子。常常因为不知道自己家里都有些什么而反复购买同一件物品……不过我丈夫很爱干净，结婚以后，我也开始注意整理了。

　　我们休息的时候会去建材市场之类的地方寻找实用工具。我最先开始着手改造的是厨房水槽下面的空间。我利用实用工具把水槽下面整理好后，实用性倍增。

　　从那以后，我便迷上了收纳。

　　开始收纳后，<u>物品管理起来更加容易</u>，我也不会再重复购买或是买用不上的物品了。这样自然而然地省了不少钱，如今我们距离购买自己梦想中的家只差一步了。

收纳具有"经济效益"

擅长自己动手的收纳高手 嘉子

我并不讨厌整理屋子。但是随着孩子越来越多，家里的物品也越来越多，房间在不知不觉间就变得乱七八糟了。我经常记不清物品都放在了哪里，每当用时就到处去找……感觉很不方便。

有一天，我忽然意识到家里的收纳空间不足是令我感到不便的原因所在。于是，我开始利用自己原本就很喜欢的DIY，自己动手制造收纳空间。

有了实用的收纳空间之后，我就清楚物品都放在哪里，大幅减少了到处找物品和整理的时间。如今，我会利用节省下来的这些时间去给孩子们做点心。

收纳还具有"时间效益"

擅长房间布局的收纳高手 茉莉子

我在设计事务所工作，切身感受到委托我们建造住宅的大多数客户都苦于收纳。我工作特别忙的时候也没时间整理，导致家里乱七八糟，这让我感到压力很大。

最近我终于下定决心，用自己住宅设计方面的知识把自己家改造成了方便整理的状态。我还借此机会严格筛选出真正需要的物品，并把那些不必要的物品全部处理掉。这时我才发现，家里不必要的物品还挺多。

家里的物品少了，整理起来更轻松了，我的内心感觉轻松了许多。对家务和工作的热情也提高了。如今，我每天都会在整理得井井有条的客厅做我喜爱的瑜伽。

收纳还具有"精神效益"

2

摆脱脏乱房间的技巧

一起重新审视每个房间凌乱的重点吧。

通过收纳改善那些利用率低的空间和物品、困扰你的事情，房间自然会变得井然有序。你最想收拾整齐的是哪个房间呢？

这里怎么回事？

堆满零碎物品的餐桌

客厅 · 餐厅

客厅是能让全家人聚在一起的特别美好的地方。
但是到了吃饭的时候，
桌子上总会摆满之前用过的物品。

 前些日子，我要给朋友送件物品，便拜访了她家。结果看到她家的餐桌上杂七杂八地堆满了各种物品。看来每个家庭都一样啊。

 我懂！因为全家人都会用到餐桌，自然容易堆满物品。

 除了吃饭，很多事情都会用到餐桌，比如需要写个什么文件或是孩子做作业等。

 每次吃饭都要先把桌上的物品移到别的地方，比较烦琐，要是桌上能一直保持干净整齐就好了。

 希望桌上能一直保持整洁！这样就不怕突然有客人到访了。看来还是要重新调整收纳方式。

基础知识 1

餐桌的尺寸

餐桌是全家人聚在一起用餐的地方。虽然餐桌的用途很广泛，
但还是要先从方便用餐的角度去选择餐桌的尺寸。

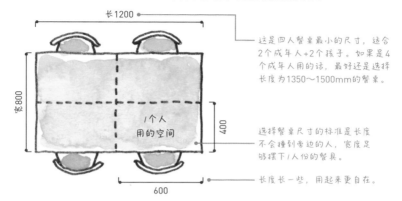

长1200

宽800

1个人
用的空间

400

600

这是四人餐桌最小的尺寸，适合
2个成年人+2个孩子。如果是4
个成年人用的话，最好还是选择
长度为1350～1500mm的餐桌。

选择餐桌尺寸的标准是长度
不会撞到旁边的人，宽度足
够摆下1人份的餐具。

长度长一些，用起来更自在。

⬇ **如何将饭菜摆放得漂亮**

想要将饭菜摆放得漂亮，宽度最好有1000mm。
在中间摆放大盘子，在各个座位前摆放餐具。
餐桌面积比较宽裕的话，用餐时会比较方便，
还能布置出一个美观的餐桌。

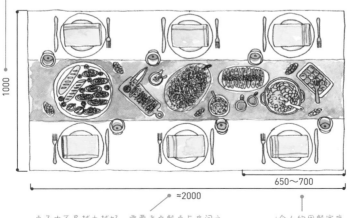

1000

650～700

≈2000

桌子也不是越大越好。需要考虑餐桌与房间之
间的协调感，避免因餐桌过大导致房间看起来
很小。

1个人的用餐宽度
为650～700mm
便足够了。

餐桌的高度

选择就餐和喝茶的桌子高度应以座椅高度为准。
工作用的桌子则应以用途为准，这样工作起来更方便。
选择桌子的尺寸时还应考虑使用者的身高。

坐在沙发上用餐

630~650　380~400

如果能在客厅用餐，甚至不需要餐桌。
客厅看起来也会更加宽敞。

坐在餐椅上用餐

700~720（日本桌子的普遍高度）　420

最佳高度是脚刚好放在地面上。

座椅与桌子的高度差为250~300mm比较合适。

坐在沙发上喝茶

380~450　380~400

桌子高度略高于座椅高度时，可以不必
用力弯腰，用起来更方便。

坐在地上用餐

300~400

桌子高度为身高×0.2左右比较合适。

使用缝纫机

700~750　370~430

设置成使用缝纫机时不必弯腰的高度。

使用电脑

600~720　370~430

座椅高度为膝盖弯曲90°时脚刚好贴在地面上。

显示器与眼睛的距离要保持在400mm以上。显示器上
端的位置应低于眼睛。膝盖弯曲90°左右为最佳状态。

基础知识 3

在餐桌上工作时容易四处乱放的物品

餐桌除了用餐，还有许多其他用途，
比如学习、读书、做家务等。
请仔细想一想平时都会在餐厅做些什么，又有哪些物品容易四处乱放。

用餐时	学习时	做家务和工作时	休息放松时
餐具	文具、书、笔记本	信件、眼镜、手机、笔记本电脑	纸巾、遥控器、报纸

容易随手放在餐桌上不收起来的物品

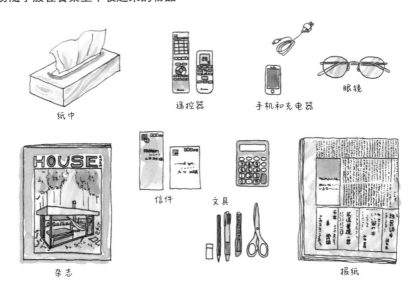

纸巾

遥控器

手机和充电器

眼镜

杂志

信件

文具

报纸

➡ 关键是要先想好这些物品应该放在哪里。

2 摆脱脏乱房间的技巧

把物品收纳在桌子附近

对于容易堆放各种物品的餐桌，要充分利用桌板下的空间。
使用附带抽屉的桌子就能迅速整理干净！

如果桌子上总是很乱，可以选择桌板下有收纳空间的桌子。

附带抽屉的桌子，可以把零碎的物品也都收纳整齐。

⬇ 按种类收纳，可以迅速取出需要的物品。

工作用	学习 / 休闲用 文具	进餐用	休闲用

笔记本电脑　　　　指甲刀、挖耳勺、护手霜等　　　餐具、杯垫等　　　遥控器、纸巾等

⬇ 桌子没有抽屉也可以用手推车代替。

最重要的是要在餐桌旁设置一个收纳小件物品的空间。关键点是桌子与物品之间的距离必须很近。如果桌子不附带抽屉，可以在附近的墙上装一个架子来代替，没有墙也可以放一辆小手推车来代替。

自己动手制作带收纳空间的桌子

按照自己的喜好，亲自制作附带收纳空间的六人桌吧。

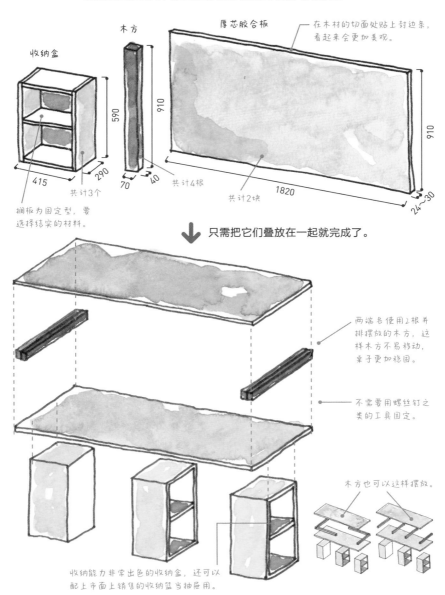

收纳盒

木方

厚芯胶合板

在木材的切面处贴上封边条，看起来会更加美观。

590

910

910

415

290

70

40

共计4根

1820

24~30

共计3个

共计2块

栅板为固定型，要选择结实的材料。

2 摆脱脏乱房间的技巧

只需把它们叠放在一起就完成了。

两端各使用2根并排摆放的木方，这样木方不易移动，桌子更加稳固。

不需要用螺丝钉之类的工具固定。

木方也可以这样摆放。

收纳能力非常出色的收纳盒，还可以配上市面上销售的收纳篮当抽屉用。

039

给带收纳空间的桌子加上抽屉

可以给第39页介绍的带收纳空间的桌子
配上6个市面上有售的浅托盘当抽屉使用。

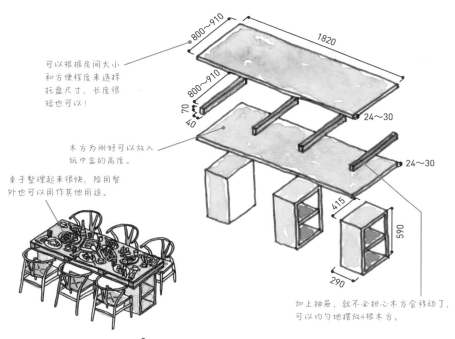

可以根据房间大小
和方便程度来选择
托盘尺寸，长度很
短也可以！

800~910

1820

800~910

70

40

24~30

木方为刚好可以放入
纸巾盒的高度。

24~30

桌子整理起来很快，除用餐
外也可以用作其他用途。

415

590

290

加上抽屉，就不必担心木方会移动了，
可以均匀地摆放4根木方。

↓ 在木方之间放入抽屉。

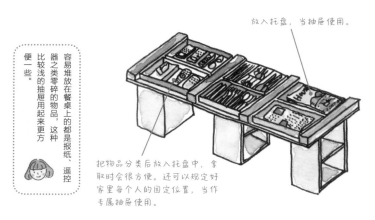

放入托盘，当抽屉使用。

容易堆放在餐桌上的都是报纸、遥控
器之类零碎的物品，这种
比较浅的抽屉用起来更方
便一些。

把物品分类后放入托盘中，拿
取时会很方便。还可以规定好
家里每个人的固定位置，当作
专属抽屉使用。

将带收纳空间的桌子改成日式矮桌

众多客人到访！
带收纳空间的桌子（第39页）还可以改成日式矮桌使用。
改变桌脚的摆放方向并铺开桌板，日式矮桌便完成了。

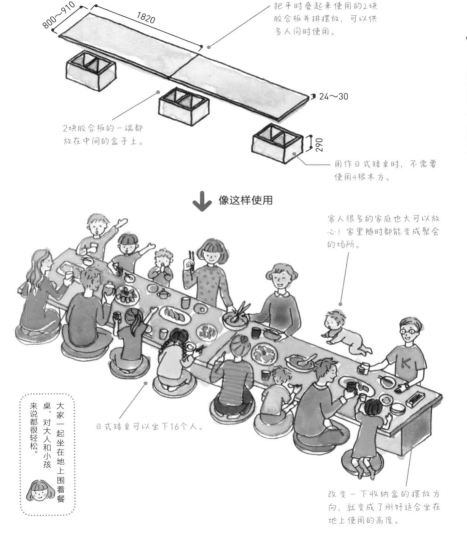

把平时叠起来使用的2块胶合板并排摆放，可以供多人同时使用。

800~910
1820
24~30
290

2块胶合板的一端都放在中间的盒子上。

用作日式矮桌时，不需要使用4根木方。

像这样使用

客人很多的家庭也大可以放心！家里随时都能变成聚会的场所。

日式矮桌可以坐下16个人。

大家一起坐在地上围着餐桌，对大人和小孩来说都很轻松。

改变一下收纳盒的摆放方向，就变成了刚好适合坐在地上使用的高度。

将带收纳空间的桌子改成多功能桌

可以作为工作台使用，用于各种用途。
还可以利用不同的高度，让家长和孩子一起使用。

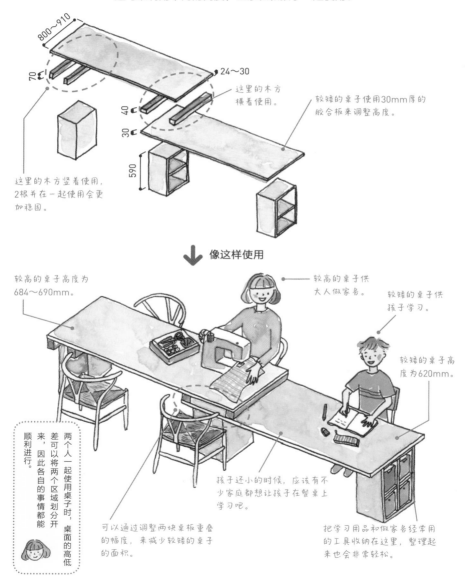

800~910

70

24～30

这里的木方横着使用。

40

30

590

较矮的桌子使用30mm厚的胶合板来调整高度。

这里的木方竖着使用，2根并在一起使用会更加稳固。

↓ 像这样使用

较高的桌子高度为684～690mm。

较高的桌子供大人做家务。

较矮的桌子供孩子学习。

较矮的桌子高度为620mm。

两个人一起使用桌子时，可以将两个区域划分开来，因此各自的事情都能顺利进行。桌面的高低差

孩子还小的时候，应该有不少家庭都想让孩子在餐桌上学习吧。

可以通过调整两块桌板重叠的幅度，来减少较矮的桌子的面积。

把学习用品和做家务经常用的工具收纳在这里，整理起来也会非常轻松。

自己动手让空间变整洁

将带收纳空间的桌子改成办公桌

将胶合板呈L形摆放，就能变身为工作用办公桌。
工作需要的物品都可以摆放在随手可以拿到的范围内。

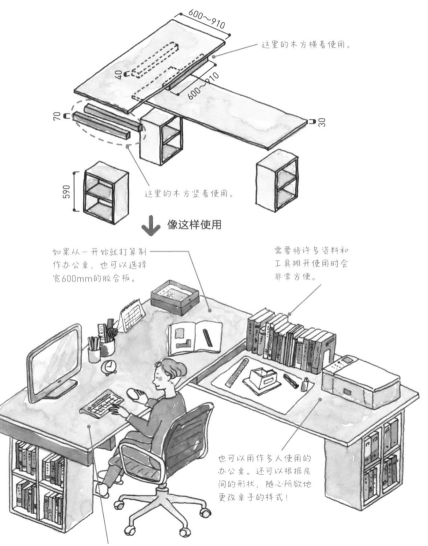

600~910

40

70

600~910

30

这里的木方横着使用。

590

这里的木方竖着使用。

↓ 像这样使用

如果从一开始就打算制作办公桌，也可以选择宽600mm的胶合板。

需要将许多资料和工具摊开使用时会非常方便。

也可以用作多人使用的办公桌。还可以根据房间的形状，随心所欲地更改桌子的样式！

保证人与显示器之间的距离超过400mm。制作出一个让人不易感到疲惫的办公桌。

读到一半的书、日用品……物品四处乱放的客厅

这里怎么回事！

如果每个人都能把自己用过的物品收好……
收纳空间与房间布局能让客厅更加和谐。

 我们家孩子多，物品用后总是置之不管。屋子里很快就会变得乱糟糟。

 这样整理起来真是没完没了。就没有一种客厅的收纳方式能让家里每个人都自觉去整理吗？

 如果家里每个人都能把自己用过的物品放回原位，家务和工作都会轻松许多吧。

 如果我一直单方面地去对家人说教，大家都会感到很疲惫。要是有能让家庭更加和睦的收纳方法就好了。

 为什么整理好了很快又变得乱糟糟呢？让我们一起思考一下客厅的收纳方法吧。

沙发周围必要的空间尺寸

沙发占据了客厅很大的空间。
如果沙发还要配置桌子一起摆放，就需要更大的空间。

沙发的尺寸

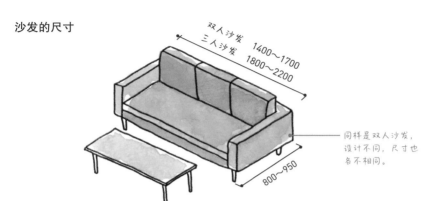

双人沙发 1400~1700
三人沙发 1800~2200

800~950

同样是双人沙发，
设计不同，尺寸也
各不相同。

2

摆脱脏乱房间的技巧

沙发周围必要的空间尺寸

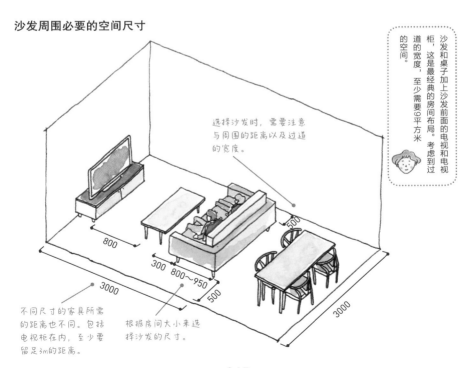

选择沙发时，需要注意
与周围的距离以及过道
的宽度。

800

300 800~950

3000

500

500

3000

沙发和桌子加上沙发前面的电视和电视
柜，这是最经典的房间布局。考虑到过
道的宽度，至少需要9平方米
的空间。

不同尺寸的家具所需
的距离也不同。包括
电视柜在内，至少要
留足3m的距离。

根据房间大小来选
择沙发的尺寸。

基础知识 2

适合聊天的布局

客厅是和家人共同度过一段时间的地方。
沙发的布局可以为构建良好的家庭关系起到一定的作用。

沙发面向电视的布局

方便看电视的传统
布局方式。

沙发面向房间中央的布局

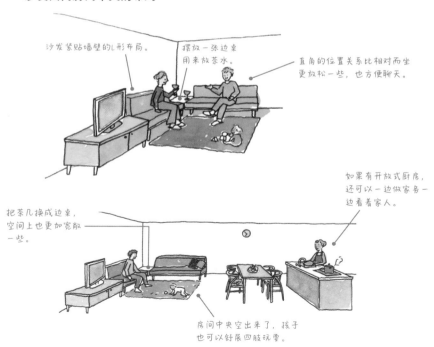

沙发紧贴墙壁的L形布局。

摆放一张边桌
用来放茶水。

直角的位置关系比相对而坐
更放松一些，也方便聊天。

如果有开放式厨房，
还可以一边做家务一
边看着家人。

把茶几换成边桌，
空间上也更加宽敞
一些。

房间中央空出来了，孩子
也可以舒展四肢玩耍。

利用简单技巧让家变整洁

在沙发附近设置收纳空间

沙发周围总是堆满物品。

不仅没办法舒服地坐在沙发上放松，打扫起来也特别麻烦。

可以在沙发附近摆放一个柜子，用于收纳生活用品。定好物品的固定位置很重要。

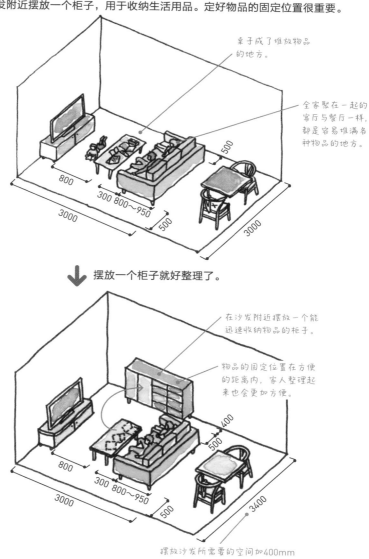

桌子成了堆放物品的地方。

全家聚在一起的客厅与餐厅一样，都是容易堆满各种物品的地方。

摆放一个柜子就好整理了。

在沙发附近摆放一个能迅速收纳物品的柜子。

物品的固定位置在方便的距离内，家人整理起来也会更加方便。

摆放沙发所需的空间加400mm即可摆放柜子。

能迅速拿出来使用，又能迅速收起来很重要。摆放柜子需要一定的空间，而且不能离沙发太远。

用3层收纳盒制作收纳沙发+桌子

用3层收纳盒就可以轻松制作出带收纳空间的沙发与桌子。
那些容易堆在客厅里的零碎物品都能迅速收好。

桌子下面放入
收纳篮。

沙发座掀开
后可以收纳
物品。

▼ 先制作带收纳空间的沙发。

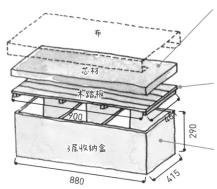

布

芯材

木踏板

3层收纳盒

900

446

290

880

415

芯材可以从网上购买。切割成木踏板的
尺寸后，用布把木踏板和芯材包起来，
再用打钉器将布压在下面的部分固定在
木踏板上。

尽量选择不需要切割即可使用的与3层收
纳盒尺寸一致的木踏板，用合页固定较长
的那一边（固定几个基础位置）。稍微大
一些也没问题。

能存取物品的那一面朝上使用。选择3层
收纳盒的关键点是：
①材料较厚；②搁板固定；③比较坚固。

合页

▼ 接下来制作带收纳空间的桌子。

415

880

290

较弱

用作桌子时，负重不
会很大，所以将收纳
盒以承重能力较弱的
方向摆放也没问题。

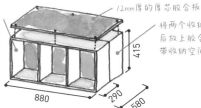

12mm厚的厚芯胶合板

将两个收纳盒并在一起
后放上胶合板，制作成
带收纳空间的桌子。

880

290

580

415

利用家具布局让家变整洁

具有收纳能力的嵌入式沙发

沙发紧贴墙壁摆放可以让空间更加宽敞。
有效利用这部分空间去增加收纳空间吧。

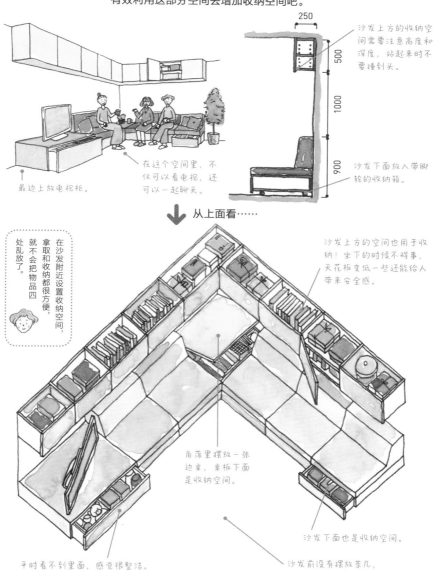

250

500

1000

900

沙发上方的收纳空间需要注意高度和深度，站起来时不要撞到头。

沙发下面放入带脚轮的收纳箱。

在这个空间里，不仅可以看电视，还可以一起聊天。

最边上放电视柜。

↓ 从上面看……

在沙发附近设置收纳空间，拿取和收纳都很方便，就不会把物品四处乱放了。

沙发上方的空间也用于收纳！坐下的时候不碍事，天花板变低一些还能给人带来安全感。

角落里摆放一张边桌，桌板下面是收纳空间。

沙发下面也是收纳空间。

平时看不到里面，感觉很整洁。打开才发现收纳空间这么大！

沙发前没有摆放茶几，也因此显得更加宽敞了。

利用家具布局让家变整洁

打造客厅·餐厅里的收纳空间！

可以在客厅·餐厅旁边设置一间用于统一收纳
客厅使用的物品及其他零碎品的"客厅储物室"。

基础的客厅储物室

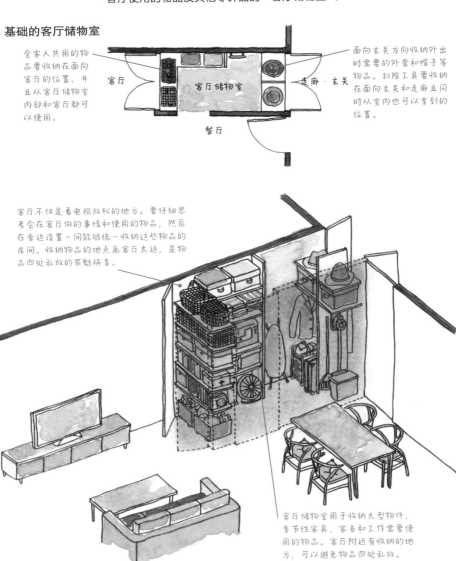

全家人共用的物品要收纳在面向客厅的位置，并且从客厅储物室内部和客厅都可以使用。

客厅

客厅储物室

走廊·玄关

餐厅

面向玄关方向收纳外出时需要的外套和帽子等物品。扫除工具要收纳在面向玄关和走廊且同时从室内也可以拿到的位置。

客厅不仅是看电视放松的地方。要仔细思考会在客厅做的事情和使用的物品，然后在旁边设置一间能够统一收纳这些物品的房间。收纳物品的地点离客厅太远，是物品四处乱放的罪魁祸首。

客厅储物室用于收纳大型物件、季节性家具、家务和工作需要使用的物品。客厅附近有收纳的地方，可以避免物品四处乱放。

在客厅储物室中分出一部分用作家务空间

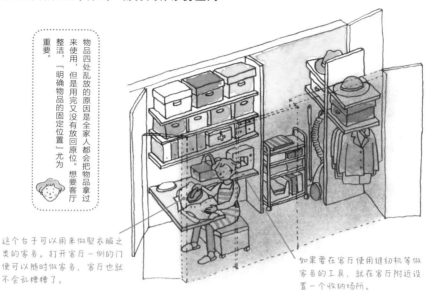

物品四处乱放的原因是全家人都会把物品拿过来使用，但是用完又没有放回原位。想要客厅整洁，「明确物品的固定位置」尤为重要。

这个台子可以用来做熨衣服之类的家务。打开客厅一侧的门便可以随时做家务，客厅也就不会乱糟糟了。

如果要在客厅使用锁纫机等做家务的工具，就在客厅附近设置一个收纳场所。

全家人共用的书斋型客厅储物室

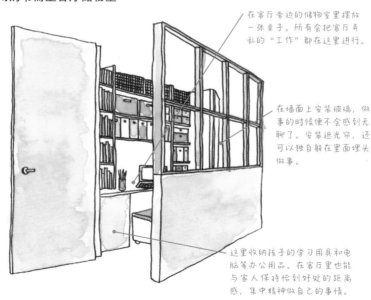

在客厅旁边的储物室里摆放一张桌子。所有会把客厅弄乱的"工作"都在这里进行。

在墙面上安装玻璃，做事的时候便不会感到无聊了。安装遮光帘，还可以独自躲在里面埋头做事。

这里收纳孩子的学习用具和电脑等办公用品。在客厅里也能与家人保持恰到好处的距离感，集中精神做自己的事情。

孩子的玩具放得乱七八糟

客厅·餐厅

孩子的玩具又多又零碎。如果孩子在客厅玩耍，玩具摆得到处都是，整理起来会很累。那么，不如试试限制孩子玩耍的空间吧！

 你们平时都怎么收纳孩子的玩具呀？虽然孩子有自己的房间，但平时总是在客厅玩耍。

 我们家孩子还小，所以我在客厅放了一个玩具柜。这孩子一玩起来就图新鲜，一会儿玩玩这个，一会儿玩玩那个，最后弄得整个房间都乱七八糟。

 这样整理起来会很累啊。玩具还可能会跑到注意不到的地方，而且踩到孩子的玩具还挺痛的呢。

 孩子玩耍的时候，大人也会累嘛，想躺下休息一下却发现沙发上堆满了玩具（笑）。

 真想拥有一个物品不容易四处乱放的客厅啊！

利用简单技巧让家变整洁

尝试大致分隔娱乐区

只要旁边还有空间，孩子玩耍的范围便会不断扩大。
试试利用家具等大致分隔一下孩子玩耍的空间吧。

整个房间不知不觉间变成了孩子的娱乐园。把散落四处的玩具全部收集到一起也不是件易事。

↓ 只需用矮柜分隔一下……

娱乐区

告诉孩子玩具只可以放在不超出矮柜的范围内。孩子也会觉得有了自己的一片小天地，便只在那一片区域里玩耍了。

摆放一个儿童桌或矮柜，形成一条边界线，可以避免玩具越界。

放松区

利用家具布局让家变整洁

用高度差划分区域

利用高度差来划分属于孩子的地盘吧。

在客厅的一角设置一个略高于地面的小平台作为孩子的娱乐区，将日常生活与玩耍分隔开来。

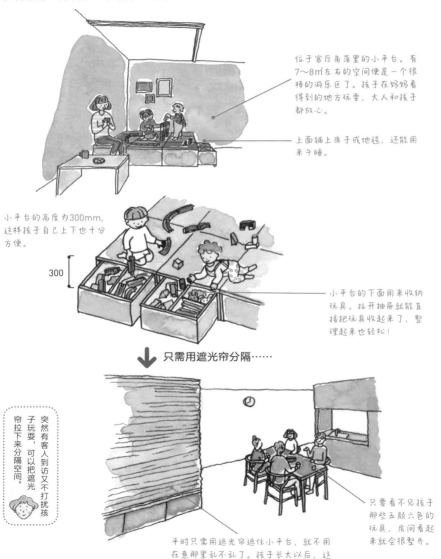

位于客厅角落里的小平台。有7~8㎡左右的空间便是一个很棒的游乐区了。孩子在妈妈看得到的地方玩耍，大人和孩子都放心。

上面铺上席子或地毯，还能用来午睡。

小平台的高度为300mm，这样孩子自己上下也十分方便。

300

小平台的下面用来收纳玩具。拉开抽屉就能直接把玩具收起来了，整理起来也轻松！

只需用遮光帘分隔……

突然有客人到访又不打扰孩子玩耍，可以把遮光帘拉下来分隔空间。

平时只需用遮光帘遮住小平台，就不用在意那里乱不乱了。孩子长大以后，这个小平台还能用作客房。

只要看不见孩子那些五颜六色的玩具，房间看起来就会很整齐。

专栏

选购玩具时要考虑玩具是否好整理

　　玩具的收纳场所对有孩子的家庭而言也是一个很大的烦恼。孩子的玩具大多色彩鲜艳又零碎，看起来要比大人的物品乱得多。而且不仅父母，祖父母也经常会送孩子玩具，家里转眼之间便堆满了玩具。

☑ 客厅里有用于收纳玩具的抽屉会很方便

　　我家的沙发下面有收纳玩具的空间。是一个带脚轮的大抽屉，这样年幼的孩子也能轻松拉出抽屉。用普通的柜子收纳玩具，还要打开柜门从架子上把玩具拿下来，找出自己想要的玩具。而沙发下面的推拉式收纳空间，小孩子也能轻松拿出来和收进去，还能直接看到里面都有什么玩具。

　　结果证明我的这个选择非常正确。如今，孩子的朋友来家里玩，也会主动把拿出来的玩具收回去。大家不用我这个方式也可以，但一定要试试书中所介绍的方便孩子自己整理的收纳方式。没有得到包括孩子在内的全家人的支持，便无法维持居所的美观与整洁。

☑ 选购玩具时考虑玩具是否好整理

　　另外，事先决定好"只选择能收纳起来的物品"，便不会增添过多的物品了，也不会再出现四处乱放的玩具了。

　　选购玩具时，应尽量选择简单、结实且能发展出诸多玩法的玩具。在孩子长大一些之后，可以和孩子一起商量，选择彼此都同意购买的玩具。确认孩子真正想要的玩具是什么、要怎么玩、想要的意愿有多强烈，和孩子多交流几次之后再购买。这样一来，玩具便不会无止境地增加了。同时，还可以培养孩子的表达能力，这可是一个一举两得的好方法。

脱下来的大衣和鞋子随手一丢

回到家里，一定想先坐下来休息一下，总是懒得把外套拿到房间里。
休息之后便开始下一步行动。咦？外套呢？就放在那里不管了？

 白天把家里整理得干干净净，结果孩子和丈夫一回家，
家里瞬间就变得乱七八糟了。你们家也会这样吗？

 会的会的！孩子和丈夫都把包和外套等丢在客厅里就不
管了！

 他们的心情倒是能理解。我刚到家时也没心情立刻把衣
服收进衣柜……而且，如果收纳地点离客厅比较远，就
更嫌麻烦了。

 如果玄关附近有一个暂时存放衣物的地方，或许就能解
决这个烦恼了吧。

 真希望家里每个人都能一直自然而然地把物品放在同一
个地方。也许建立一个能养成习惯的固定位置会是个好
办法！

利用简单技巧让家变整洁

设置一个暂时存放外套和鞋的地方

脱下之后或放下衣服之后便扬长而去，是房间变乱的一大原因。
可以给家里每个人都设置一个专用的暂存物品空间。
暂时存放处可以设置在会变乱的地方附近或是经过此地的动线上。
关键是要养成习惯。

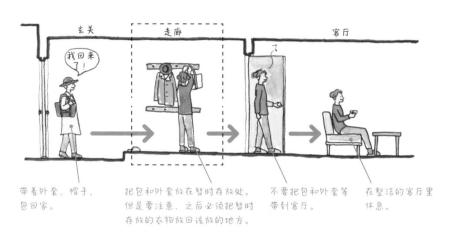

带着外套、帽子、包回家。

把包和外套放在暂时存放处。但是要注意，之后必须把暂时存放的衣物放回该放的地方。

不要把包和外套等带到客厅。

在整洁的客厅里休息。

↓ 什么样的暂时存放处更方便呢？

不把外套等带入客厅，还有助于预防花粉过敏。

推荐一举便可收纳的挂钩收纳方式。

想要散去衣物上的湿气和在外面沾上的味道，挂起来是最合适的方式。

下面是孩子专用的挂钩。孩子会很开心有自己的专属位置。

也推荐使用家里每个人都能有专属位置的存衣柜。

利用家具布局让家变整洁

玄关与客厅之间的贯穿式收纳间

在从玄关到客厅的这段路程中可以设置一个客厅储物室。
把客厅储物室作为包和外套等衣物的暂时存放处，这样走廊和客厅都能保持整洁。

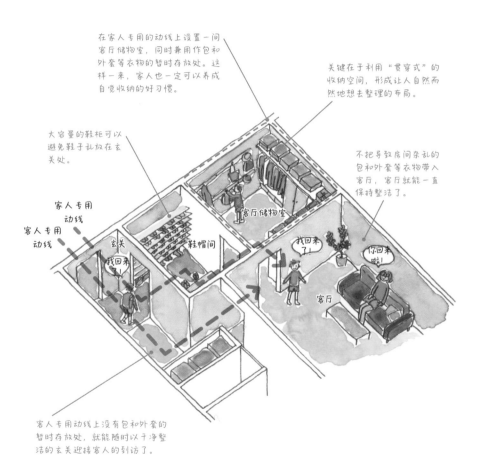

在家人专用的动线上设置一间客厅储物室，同时兼用作包和外套等衣物的暂时存放处。这样一来，家人也一定可以养成自觉收纳的好习惯。

关键在于利用"贯穿式"的收纳空间，形成让人自然而然地想去整理的布局。

大容量的鞋柜可以避免鞋子乱放在玄关处。

不把导致房间杂乱的包和外套等衣物带入客厅，客厅就能一直保持整洁了。

家人专用动线

客人专用动线

玄关

我回来了！

鞋帽间

客厅储物室

我回来了！

你回来啦！

客厅

客人专用动线上没有包和外套的暂时存放处，就能随时以干净整洁的玄关迎接客人的到访了。

专栏

....

让整理、打扫变成消遣的方法

....

　　每天的家务非常重要。但是说实话，做家务有时也会感到辛苦和难受，产生诸如"好麻烦""每天都重复相同的事情好烦啊"之类的情绪。大家都希望能够毫无压力地完成这种每天都要重复做的事情。只要按照下面介绍的稍稍做一些改进，整理和打扫就能变成一种消遣方式。

☑ **对物品带着感激之情**

　　打扫时内心带着对物品的感激之情，这种情绪能够净化自己的内心。

☑ **早起有益，推荐早上打扫**

　　早上打扫房间可以增强新陈代谢，一整天都会感到心情舒畅。不如在早餐前先做个家务吧。空腹时活动，还有助于瘦身。

☑ **划分需要努力做的家务和可以偷懒的家务**

　　选定一些可以偷懒的家务，比如房间的地板一周只打扫一次。相应地也要选定一些需要努力完成的家务，比如玄关处要每天打扫干净。这样可以减少因偷懒而产生的负罪感。

☑ **听着音乐做家务**

　　边听喜欢的音乐边做家务，做不喜欢的家务时也会变得很快乐。选择快节奏的歌曲，动作还会变得更加利落。

☑ **定好家务的循环**

　　周一打扫浴室、周二打扫厕所……定好每周几做什么家务，就不用再费神去思考"上次打扫浴室是什么时候来着？"之类的事情了。

不知道为什么，做饭总是花费很长时间

做饭的时候，是不是总在厨房里进进出出呢？
收纳时做到适材适所，有助于缩短每天做饭所花费的时间。

 我们家有三个正在长身体的孩子，为他们做饭总要花很长时间……

 每天的打扫和整理可以偷懒，做饭却不能偷懒。要是能用很短的时间迅速做好饭就好了。

 有时在做饭的过程中，会觉得厨房给自己带来了压力。

 没错！但是因为每天都在用厨房，身体已经习惯了，自己很难察觉到哪里不方便。而且厨房不同于玄关和客厅，平时只有我在使用，也不会有人指出哪里不方便。

 希望可以改善厨房中自己没有注意到的不便之处，让厨房变成一个做起饭来更加顺畅、愉快的地方。

基础知识 1

整体厨房的尺寸

先以常见厨房为例，了解一下厨房的尺寸吧。

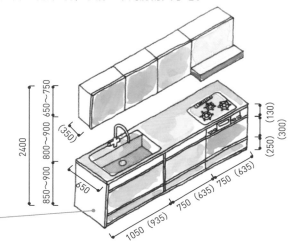

标准尺寸的整体厨房（L=2550）。括号内为有效的收纳面积。

基础知识 2

适宜的厨房工作三角区

行动是否顺畅
由炉灶、水槽、冰箱间的距离决定。

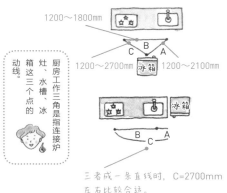

厨房工作三角是指连接炉灶、水槽、冰箱这三个点的动线。

三者成一条直线时，C=2700mm 左右比较合适。

基础知识 3

厨房收纳空间的高度

先想好哪里收纳什么。

2
摆脱脏乱房间的技巧

061

基础知识 4

保证足够的烹饪空间

普通砧板的长度为360mm。
烹饪空间的长度超过600mm时，可以同时摆放砧板和其他食材。

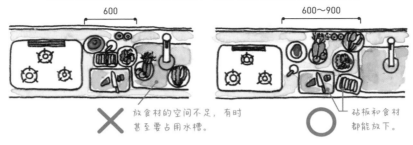

600

600～900

✕ 放食材的空间不足，有时
甚至要占用水槽。

◯ 砧板和食材
都能放下。

基础知识 5

过道宽度需根据使用人数决定

过道宽度需要根据每个家庭的使用人数来决定，
比如平时会有几个人同时在厨房做饭、是不是经常有客人来等。

1个人单独做饭时

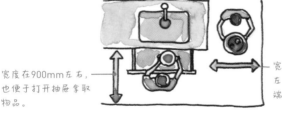

宽度在900mm左右，
也便于打开抽屉拿取
物品。

宽度在800mm
左右便足够把菜
端到餐桌去了。

丈夫周末帮忙一起做饭时，
过道便显得有些窄了，
总是会撞到。

2个人一起做饭时

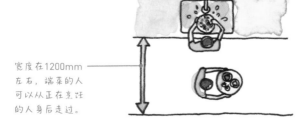

宽度在1200mm
左右，端菜的人
可以从正在烹饪
的人身后走过。

如果过道太宽，
背面有收纳空间
过道宽度可以减少不必
要的动作，从而缩短做
饭所用的时间。

就不方便拿取物品。适宜的

基础知识 6

需要使用的物品与使用地点间的关系

来重新审视一下在哪些地方需要使用哪些物品吧。严格挑选使用的物品，
根据使用的地点分别收纳，这是让厨房用起来更加便利的基础。

砧板、菜刀、沥水盆等

汤勺、长筷、平底锅等

右撇子按照①～⑤的顺序摆放用
起来更方便。左撇子反之。需要
注意的是，摆放顺序可能会因厨
房布局不同而有所不同。

冰箱

② 清洗食材

④ 烹饪

① 将食材从冰箱中取出

③ 加工食材

⑤ 备餐

① 暂时存放处

② 水槽

③ 料理区

④ 炉灶

⑤ 备餐台

食材

调料、食用油、量杯等

盘子、杯子、筷子等

基础知识 7

物品的分组

给厨房里的物品分组吧。
分组后，马上就知道把物品放在哪里才能让厨房更便于使用了。

烹饪时常用的物品按工序分组

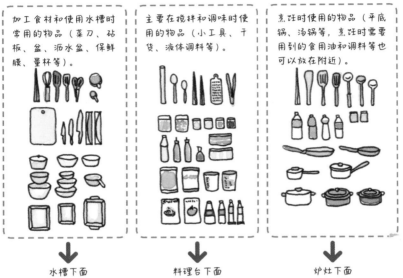

加工食材和使用水槽时常用的物品（菜刀、砧板、盆、沥水盆、保鲜膜、量杯等）。

主要在搅拌和调味时使用的物品（小工具、干货、液体调料等）。

烹饪时使用的物品（平底锅、汤锅等，烹饪时需要用到的食用油和调料等也可以放在附近）。

水槽下面　　　　料理台下面　　　　炉灶下面

偶尔使用的物品和备用品等按重量分组

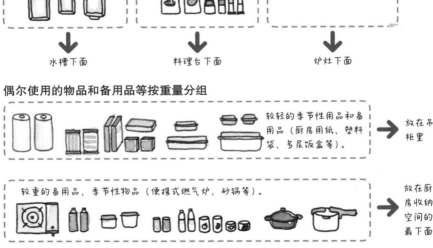

较轻的季节性用品和备用品（厨房用纸、塑料袋、多层饭盒等）。　　➡　放在吊柜里

较重的备用品、季节性物品（便携式燃气炉、砂锅等）。　　➡　放在厨房收纳空间的最下面

把物品收纳在方便使用的地方

如果厨房就像驾驶舱一样，所有物品都放在触手可及的地方，
能够流畅地完成每一个步骤，便可以缩短做饭所需要的时间了。

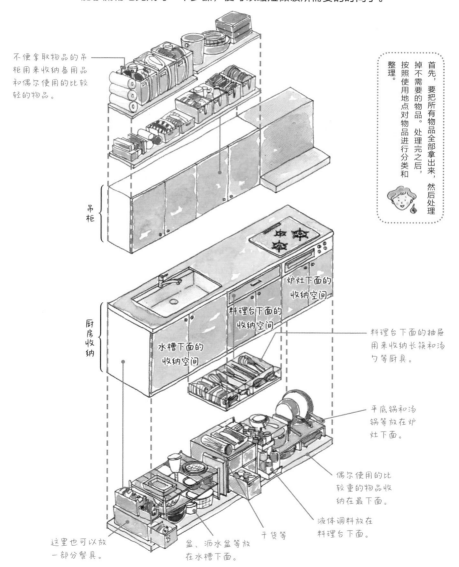

不便拿取物品的吊柜用来收纳备用品和偶尔使用的比较轻的物品。

吊柜

厨房收纳

料理台下面的收纳空间

炉灶下面的收纳空间

水槽下面的收纳空间

料理台下面的抽屉用来收纳长筷和汤勺等厨具。

平底锅和汤锅等放在炉灶下面。

偶尔使用的比较重的物品收纳在最下面。

液体调料放在料理台下面。

这里也可以放一部分餐具。

盆、沥水盆等放在水槽下面。

干货等

首先，要把所有物品全部拿出来，然后处理掉不需要的物品。处理完之后，按照使用地点对物品进行分类和整理。

水槽下面的收纳空间过深，不方便使用

咦？我记得这里
有备用的海绵擦
来着……

收纳在水槽
下面的物品

清洁剂

海绵擦

砧板

水槽下面的空间很深，还敷设管道。
需要收纳在这里的物品中有很多零散的小件物品，
可以充分利用一些实用工具进行收纳。

托盘

 我家整体厨房水槽下面的收纳空间用起来很不方便。

 水槽下面的对开门式收纳空间又深又高，很难有效地利用起来。我在工作中也经常见到没有很好地利用水槽下面的对开门式收纳空间的住宅。

盆

 虽然近年来的整体厨房大多采用抽屉式收纳，可出租屋大部分还是对开门式的。

 真希望可以轻松地取出沥水盆和其他盆啊。

沥水盆

水槽下面的收纳空间

由于水槽下面的收纳空间里还有水槽和管道，因此可使用的空间有限。

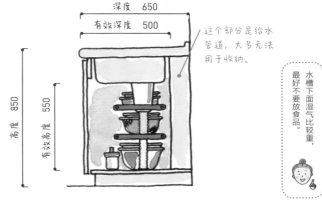

这个部分是给水管道，大多无法用于收纳。

水槽下面湿气比较重，最好不要放食品。

利用实用工具让空间变整洁

使用水槽下面专用的架子！

充分利用水槽下面的高度，选择能收纳大量物品的专用架子来收纳盆和清洁剂。

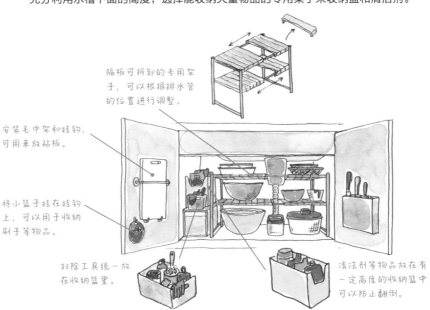

隔板可拆卸的专用架子，可以根据排水管的位置进行调整。

安装毛巾架和挂钩，可用来放砧板。

将小篮子挂在挂钩上，可以用于收纳刷子等物品。

扫除工具统一放在收纳篮里。

清洁剂等物品放在有一定高度的收纳篮中可以防止翻倒。

炖锅和平底锅不方便放入和取出

单是把平底锅拿出来就已经是一项重体力劳动了。

哐当哐当

炖锅和平底锅又大又重，
如果叠在一起收纳，取出的时候非常费力。

锅盖

平底锅

雪平锅

炸锅

方形煎锅

砂锅

珐琅锅

便携式煤气炉

 那些锅具形状各异，收纳起来很麻烦。而且重量都很重，叠在一起收纳时不便于拿取。之前因为喜欢而买的珐琅锅也一直没有机会派上用场。

 真的是这样！炉灶下面的收纳空间和水槽下面一样又深又高，不好好收纳就会浪费许多空间。

 如果能轻松取出来，做饭时就可以有很多选择了。真希望水槽下面的收纳可以更方便一些！

基础知识

炉灶下面的收纳空间

炉灶下面的收纳空间比看起来的要少得多。

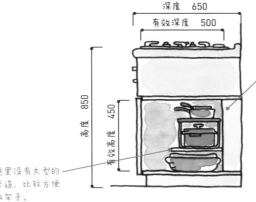

深度 650

有效深度 500

高度 850

有效高度 450

这个部分可能会有煤气管道等。制作架子时需要确认好位置之后，再量尺寸。

这里没有大型的管道，比较方便放架子。

自己动手让家变整洁

制作一个用来放重物的架子吧！

在较低的位置上摆放一个架子，有效地利用一切空间。

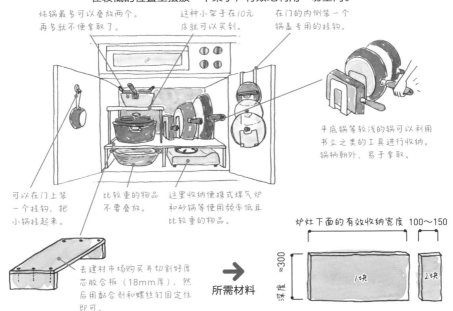

炖锅最多可以叠放两个。再多就不便拿取了。

这种小架子在10元店就可以买到。

在门的内侧装一个锅盖专用的挂钩。

平底锅等较浅的锅可以利用书立之类的工具进行收纳。锅柄朝外，易于拿取。

可以在门上装一个挂钩，把小锅挂起来。

比较重的物品不要叠放。

这里收纳便携式煤气炉和砂锅等使用频率低且比较重的物品。

去建材市场购买并切割好厚芯胶合板（18mm厚），然后用黏合剂和螺丝钉固定住即可。

所需材料

炉灶下面的有效收纳宽度 100～150

深度 ≈300

1块　2块

无法迅速拿出厨具和调料

一下子拿出来一堆……

放厨具的抽屉每次拉开和关上，抽屉里面都会变乱。
只需一些小技巧就可以改善这一情况。

 我们家的厨具都放在料理台下面的抽屉里，但是抽屉里一片混乱，每次都没办法迅速拿出自己需要的物品。

 我们家的长筷、汤勺等常用的物品都装在漂亮的马克杯里，摆在炉灶旁边。

 感觉很方便拿取！

 我经常做油炸食品，有些担心油溅到炉灶旁边。真希望收纳在抽屉里的物品能更方便拿取……

收纳在料理台下面的物品

汤勺

长筷

锅铲

厨房剪刀

保鲜膜

食用油

橄榄油

麻油

酱油

料理台下面的收纳空间

料理台下面没有管道,可使用能充分利用其深度的抽屉式收纳柜。

抽屉 有效深度　400

有效深度　500

也有很多厨房自带抽屉。

放置一个市面上有售的抽屉式架子。这个空间没有管道,放起来比较方便。

料理台下面的空间又高又深,使用抽屉式架子可以收纳大量零碎的物品。

利用实用工具让空间变整洁

统一收纳零碎的物品

料理台下面的空间用于收纳加工食材时常用的厨具和调料。

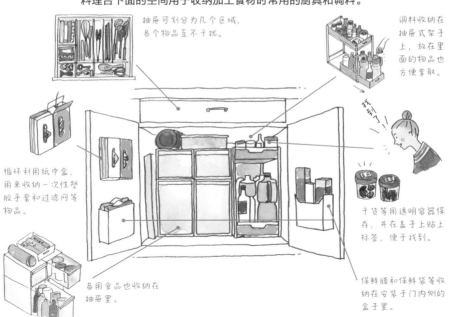

抽屉可划分为几个区域,各个物品互不干扰。

调料收纳在抽屉式架子上,放在里面的物品也方便拿取。

循环利用纸巾盒,用来收纳一次性塑胶手套和过滤网等物品。

干货等用透明容器保存,并在盖子上贴上标签,便于找到。

备用食品也收纳在抽屉里。

保鲜膜和保鲜袋等收纳在安装于门内侧的盒子里。

从吊柜放入和取出物品太麻烦

严格筛选收纳在不方便拿取的吊柜中的物品，
收纳时要注重放入和取出时的便利程度。

 吊柜虽然收纳能力很好，但是拿取物品时很不方便吧？

 我前段时间从吊柜里拿取物品时就有东西掉下来了，太吓人了！

 我们家把餐具柜里装不下的餐具都收纳在吊柜里，但是很担心地震的时候会把吊柜门震开，导致餐具全部掉下来。

 陶瓷之类的餐具掉下来会很危险，吊柜最好还是用来收纳一些比较轻的物品吧！

 能不能通过什么收纳技巧，让吊柜用起来也更方便一些呢？

收纳在吊柜里的物品

寿司桶

保鲜盒

厨房用纸

海苔

茶叶

咖啡

红茶

072

基础知识

吊柜

厨房的吊柜基本上只用于收纳偶尔使用的、比较轻的物品和备用品。

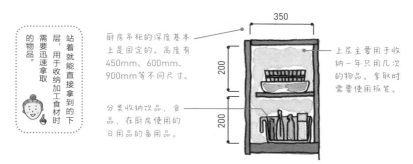

站着就能直接拿到的下层，用于收纳加工食材时需要迅速拿取的物品。

厨房吊柜的深度基本上是固定的。高度有450mm、600mm、900mm等不同尺寸。

分类收纳饮品、食品、在厨房使用的日用品的备用品。

上层主要用于收纳一年只用几次的物品。拿取时需要使用板凳。

350
200
200

利用实用工具让空间变整洁

在隔层上下工夫，让上部收纳更便利

吊柜用便利品隔开，集中收放同类物品，方便取出。

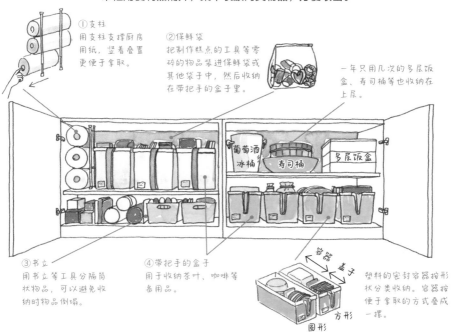

①支柱
用支柱支撑厨房用纸，竖着叠置更便于拿取。

②保鲜袋
把制作糕点的工具等零碎的物品装进保鲜袋或其他袋子中，然后收纳在带把手的盒子里。

一年只用几次的多层饭盒、寿司桶等也收纳在上层。

葡萄酒冰桶　寿司桶　多层饭盒

③书立
用书立等工具分隔筒状物品，可以避免收纳时物品倒塌。

④带把手的盒子
用于收纳茶叶、咖啡等备用品。

塑料的密封容器按形状分类收纳。容器按便于拿取的方式叠成一摞。

容器　盖子

方形

圆形

073

2

摆脱脏乱房间的技巧

餐具柜用起来不方便

我只想拿中间
的盘子……

难得有一个大餐具柜,
如果收纳方式不当,
每次使用时都会觉得不放心。

 我们家一直在用从建材市场买的餐具柜,可是每次从叠成一摞的盘子中拿取需要的物品时都非常麻烦。

 餐具柜要收纳各种形状的餐具,可柜子的深度都一样。

 放在里面的餐具很难拿出来。

 然而餐具又很少有机会像衣服换季那样统一拿出来整理,只能忍耐着诸多不便继续使用。

 还是下决心把餐具柜里的物品全部取出来,重新考虑收纳方式吧!

收纳在餐具柜里的物品

刀、叉、勺

筷子

玻璃杯类

盘子、陶瓷碗等

其他材质的碗

水壶

基础知识 1

重新考虑收纳方式

首先，要掌握自己家里的餐具柜大概有多高、有多深。
用自己的手当尺子去测量会比较轻松。

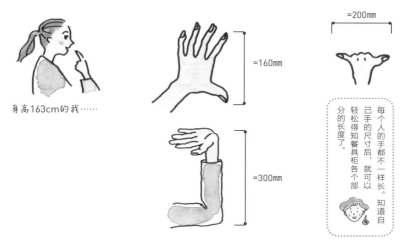

身高163cm的我……

≈160mm

≈300mm

≈200mm

每个人的手都不一样长。知道自己手的尺寸后，就可以轻松得知餐具柜各个部分的长度了。

基础知识 2

根据柜子的高度、深度改变收纳方法

柜子的高度、深度导致柜子里面或下层用起来不方便。
可以使用架子等工具改善这一情况。

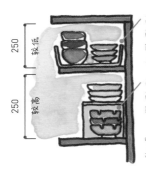

250 较低

250 较高

高度较低时，里面的盘子不便拿取，可以放在篮子里收纳。

高度较高时，下面的盘子不便拿取，可以使用"コ"形的架子收纳或将盘子立起来收纳。

200 较浅

较深
300

柜子的深度较浅时，可以直接使用。

柜子的深度较深时，可以放在篮子里收纳或用来收纳大盘子。

让餐具柜的架子使用起来更便利

在此，请设想餐具柜是由架子（上层）和抽屉（下层）组合而成的开放式餐具柜。
接下来先给架子大致划分一下区域，再利用实用工具让架子用起来更便利。

给架子划分区域

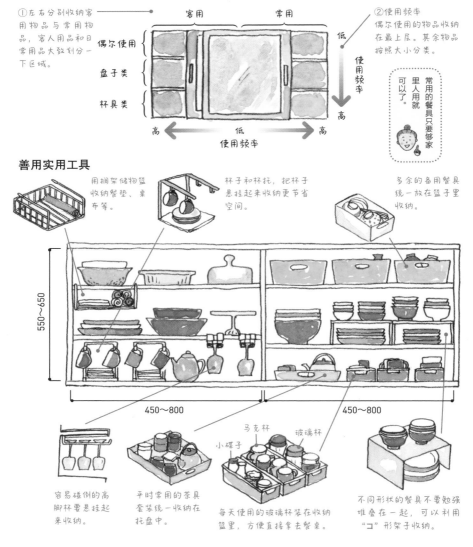

① 左右分别收纳客用物品与常用物品，客人用品和日常用品大致划分一下区域。

客用　常用

偶尔使用

盘子类

杯具类

高 ← 低 → 高
使用频率

② 使用频率
偶尔使用的物品收纳在最上层。其余物品按照大小分类。

低
使用频率
高

常用的餐具只要够家里人用就可以了。

善用实用工具

用搁架储物篮收纳餐垫、桌布等。

杯子和杯托，把杯子悬挂起来收纳更节省空间。

多余的备用餐具统一放在篮子里收纳。

550～650

450～800　　450～800

容易碰倒的高脚杯要悬挂起来收纳。

平时常用的茶具套装统一收纳在托盘中。

马克杯　玻璃杯
小碟子

每天使用的玻璃杯装在收纳篮里，方便直接拿去餐桌。

不同形状的餐具不要勉强堆叠在一起，可以利用"コ"形架子收纳。

利用实用工具让空间变整洁

让餐具柜的抽屉使用起来更便利

餐具柜最上层较浅的抽屉，最适合收纳刀、叉、勺和其他零碎的小件物品。
可以利用托盘细致地分类和收纳。

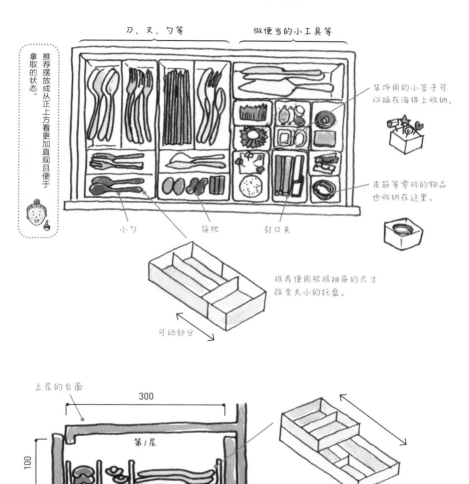

推荐摆放成从正上方看更加直观且便于拿取的状态。

刀、叉、勺等

做便当的小工具等

装饰用的小签子可以插在海绵上收纳。

皮筋等零碎的物品也收纳在这里。

小勺　　　筷枕　　　封口夹

推荐使用根据抽屉的尺寸改变大小的托盘。

可动部分

上层的台面

300

第1层

100

抽屉高度较高时可以使用双层托盘提高收纳空间。

077

让餐具柜的抽屉使用起来更便利

充分利用抽屉的深度，完美收纳零碎的小件物品。
选择收纳方式时的关键，是要注意是否方便拿取。

第2层抽屉收纳每天使用的便当用具

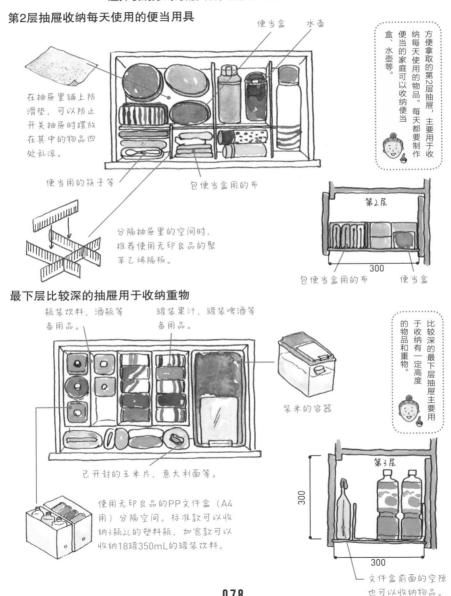

便当盒　水壶

方便拿取的第2层抽屉，主要用于收纳每天使用的物品。每天都要制作便当的家庭可以收纳便当盒、水壶等。

在抽屉里铺上防滑垫，可以防止开关抽屉时摆放在其中的物品四处乱滚。

便当用的筷子等

包便当盒用的布

分隔抽屉里的空间时，推荐使用无印良品的聚苯乙烯隔板。

第2层

300

包便当盒用的布　便当盒

最下层比较深的抽屉用于收纳重物

瓶装饮料、酒瓶等备用品。

罐装果汁、罐装啤酒等备用品。

比较深的最下层抽屉主要用于收纳有一定高度的物品和重物。

装米的容器

已开封的玉米片、意大利面等。

使用无印良品的PP文件盒（A4用）分隔空间。标准款可以收纳3瓶2L的塑料瓶，加宽款可以收纳18罐350mL的罐装饮料。

第3层

300

300

文件盒前面的空隙也可以收纳物品。

利用家具布局让家变整洁

统一收纳家电

厨房家电是否占据了你的餐具柜或桌子？
设置一个专门用于放家电的收纳空间，将家电集中在一个地方。

主要的厨房家电尺寸

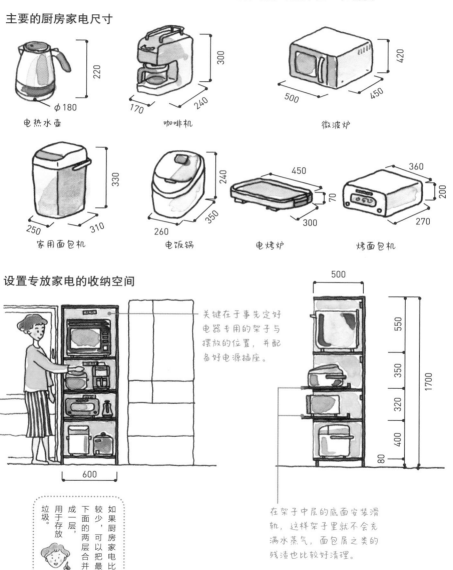

220
φ180
电热水壶

300
170 240
咖啡机

420
500 450
微波炉

330
250 310
家用面包机

240
350
260
电饭锅

450
70
300
电烤炉

360
200
270
烤面包机

设置专放家电的收纳空间

关键在于事先定好
电器专用的架子与
摆放的位置，并配
备好电源插座。

600

500
550
350
320
400
80
1700

如果厨房家电比
较少，可以把最
下面的两层合并
成一层，用于存放
垃圾。

在架子中层的底面安装滑
轨，这样架子里就不会充
满水蒸气，面包屑之类的
残渣也比较好清理。

带土的蔬菜不知道放在哪里好

每次打开
抽屉都要
挪开……

需要常温
保存的蔬菜

土豆

胡萝卜

洋葱

牛蒡

番薯

南瓜

带土的蔬菜和那些不能放冰箱
而需要常温保存的食材，应该暂时放在哪里呢？

 老家经常给我们寄大米和带土的蔬菜，我总是把装蔬菜的纸箱直接放在厨房的地上，打扫的时候很碍事。

 带土的蔬菜最好在阴凉通风处常温保存，但是出租屋的厨房通常没有地方可以放。

 而且使用频率也很高，真希望能有一个打扫时可以轻松挪开的便利空间去存放那些蔬菜。

自己动手让空间变整洁

保存蔬菜的手推车

需要常温保存的蔬菜，推荐使用带脚轮的手推车来收纳。
只需一块厚芯胶合板，即可制作出用于保存蔬菜的手推车。

蔬菜生长时的状态更易于长时间保存，因此葱和牛蒡等蔬菜最好竖着存放。

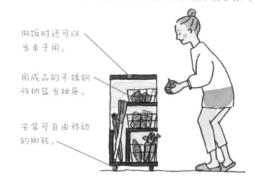

做饭时还可以当桌子用。

用成品的不锈钢收纳篮当抽屉。

安装可自由移动的脚轮。

⬇ 开始着手制作吧

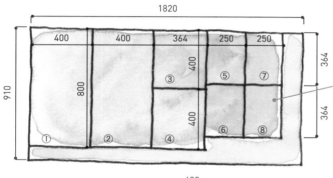

购买一块面积为1820×910mm、厚度为18mm的厚芯胶合板，切割成8块。然后只需要按照下图所示组装起来即可。

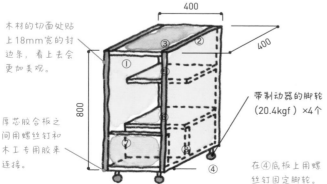

木材的切面处贴上18mm宽的封边条，看上去会更加美观。

厚芯胶合板之间用螺丝钉和木工专用胶来连接。

带制动器的脚轮
（20.4kgf）×4个

在④底板上用螺丝钉固定脚轮。

「常温」是指大约20℃。夏季想要长期保存蔬菜时，可以用报纸包裹住蔬菜并放入冰箱的保鲜室中。

给鞋帽间加上食品储藏室的功能

在北侧靠近玄关的位置设置一间食品储藏室，可以收纳大量备用食品和日用品。
还很适合用于存放怕热的蔬菜。

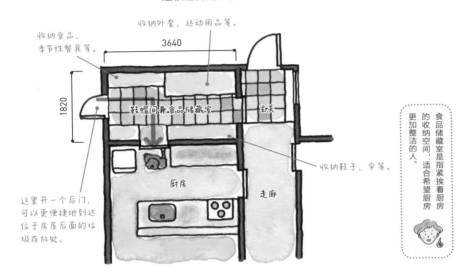

收纳食品、季节性餐具等。

收纳外套、运动用品等。

3640

1820

鞋帽间兼食品储藏室

玄关

收纳鞋子、伞等。

厨房

走廊

这里开一个后门，可以更便捷地到达位于房屋后面的垃圾存放处。

食品储藏室是指紧挨着厨房的收纳空间，适合希望厨房更加整洁的人。

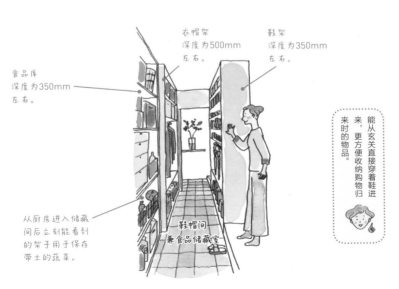

食品库
深度为350mm
左右。

衣帽架
深度为500mm
左右。

鞋架
深度为350mm
左右。

鞋帽间
兼食品储藏室

从厨房进入储藏间后立刻能看到的架子用于保存带土的蔬菜。

能从玄关直接穿着鞋进来，更方便收纳购物归来时的物品。

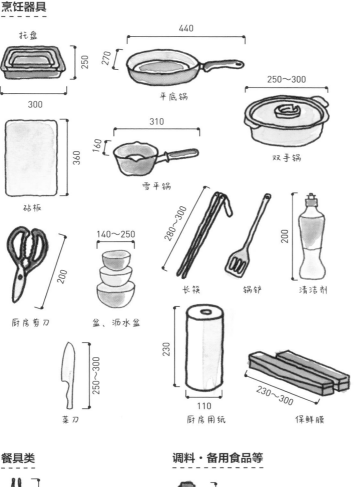

烹饪器具

托盘
250
300
270
440
平底锅
250~300
双手锅
310
160
雪平锅
360
砧板
280~300
长筷
锅铲
200
清洁剂
200
厨房剪刀
140~250
盆、沥水盆
250~300
菜刀
230
110
厨房用纸
230~300
保鲜膜

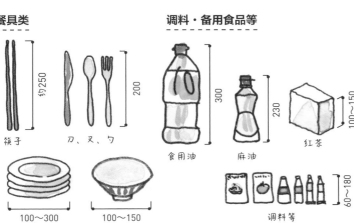

餐具类

约250
筷子
200
刀、叉、勺
100~300
盘子
100~150
碗

调料·备用食品等

300
食用油
230
麻油
100~150
红茶
60~180
调料等

厨房

需要收纳的物品及收纳顺序

清洗、切割并烹饪食材，再装盘端上餐桌。来重新思考一下每天重复的这套动作是否顺畅吧。想要建立一个更加便利的厨房，从现在开始也不晚。

洗手台上摆满了各种物品

为什么洗完脸还是觉得不干净呢……

洗手台是用来整理仪容的地方，虽然很想保持整洁，
可要摆放的物品实在是太多了。此时便需要高效的收纳方式。

 上周末我们回婆家住了两天，发现家里的洗手台和化妆台上都摆满了物品，我婆婆为此非常烦恼。

 洗手间和更衣室是用来整理仪容的地方，很希望可以保持整洁。也希望镜子能一直干干净净的……

 但是会产生污渍的源头特别多！比如牙膏、定型喷雾、香皂沫之类的。而且每种污渍的清洁方式都不同，真是太麻烦了。

 很多物品都需要摆出来用，可是出租屋可供收纳的空间很少，用起来特别不方便。

 最理想的状态是可以拥有一间收纳能力强还好打扫的洗手间和更衣室，可怎样才能拥有呢？

收纳地点与物品间的关系

洗手台周围的物品非常多。争取通过巧妙的分类，
打造出一个方便拿取物品的便利收纳空间吧。

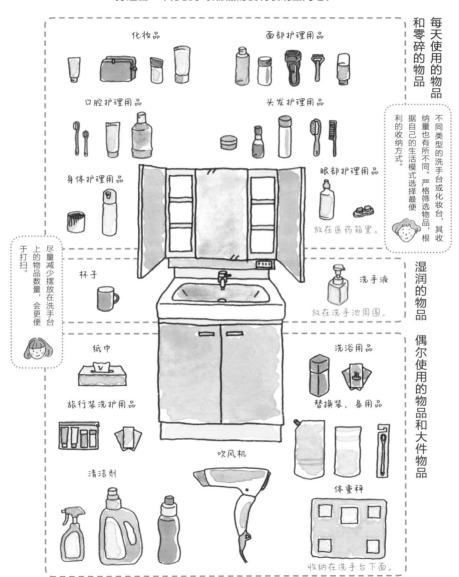

每天使用的物品
和零碎的物品

化妆品

面部护理用品

口腔护理用品

头发护理用品

身体护理用品

眼部护理用品

放在医药箱里。

不同类型的洗手台或化妆台，其收纳量也有所不同。严格筛选物品，根据自己的生活模式选择最便利的收纳方式。

2 摆脱脏乱房间的技巧

湿润的物品

杯子

洗手液

放在洗手池周围。

尽量减少摆放在洗手台上的物品数量，会更便于打扫。

偶尔使用的物品和大件物品

纸巾

洗浴用品

旅行装洗护用品

替换装、备用品

吹风机

清洁剂

体重秤

收纳在洗手台下面。

利用实用工具让空间变整齐

系统地隐藏起来

从扫除工具到洗浴用品，洗手池下面收纳物品大多比较零碎。
对开门式收纳空间可以利用抽屉和收纳篮系统地收纳。

可以利用挂杆和收纳筐等实用工具收纳形状各异的物品。

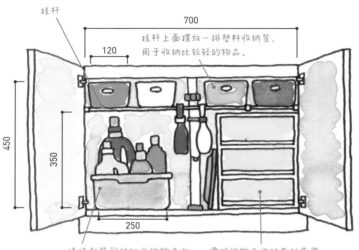

挂杆

700

120

450

350

挂杆上面摆放一排塑料收纳筐，用于收纳比较轻的物品。

250

清洁剂等形状细长的物品放在收纳筐里收纳。这样不容易翻倒，也便于拿取。

零碎的物品收纳在抽屉里。

⬇ 从侧面看

将吹风机挂在挂钩上收纳，整齐又方便。

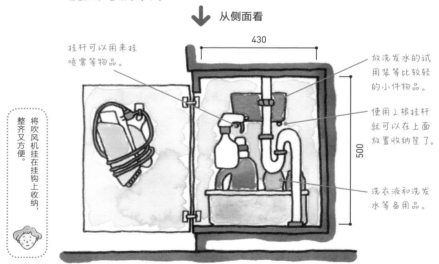

挂杆可以用来挂喷雾等物品。

430

500

放洗发水的试用装等比较轻的小件物品。

使用2根挂杆就可以在上面放置收纳筐了。

洗衣液和洗发水等备用品。

长凳收纳与吊柜收纳

洗手间收纳空间不足时。可以在地板上放一个长凳。
只需占用很小的空间，便可以收纳护理用品和毛巾等物品。

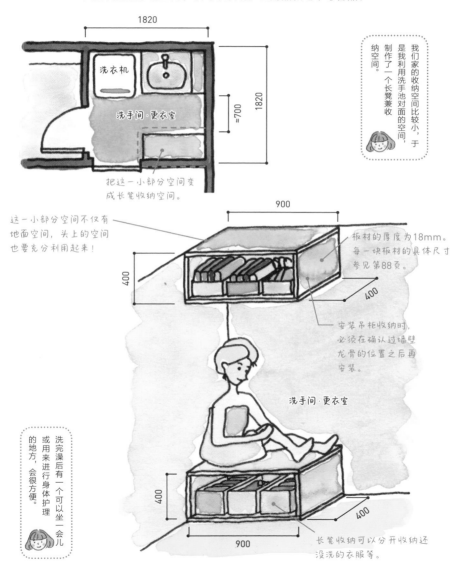

把这一小部分空间变
成长凳收纳空间。

这一小部分空间不仅有
地面空间，头上的空间
也要充分利用起来！

每一块板材的具体尺寸
参见第88页。

板材的厚度为18mm。

安装吊柜收纳时，
必须在确认过墙壁
龙骨的位置之后再
安装。

洗手间·更衣室

长凳收纳可以分开收纳还
没洗的衣服等。

我们家的收纳空间比较小，于
是我利用洗手池对面的空间，
制作了一个长凳兼收
纳空间。

洗完澡后有一个可以坐一会儿
的地方，或用来进行身体护理
的地方，会很方便。

087

长凳 × 收纳

充分利用死角，轻松增加收纳空间。
来实际制作第87页介绍的收纳空间吧。

吊柜收纳和长凳收纳的尺寸

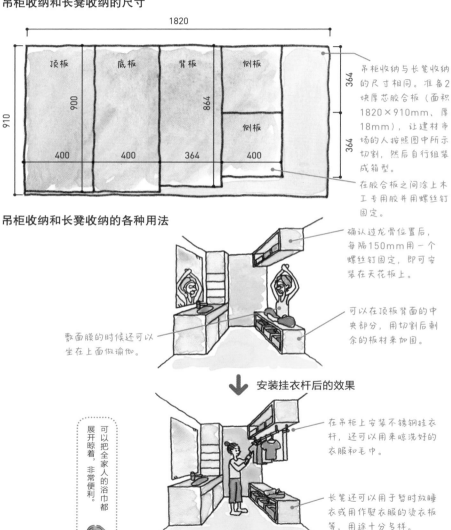

1820

顶板
底板
背板
侧板

900
864

910

400　400　364　400

364

364

侧板

吊柜收纳与长凳收纳的尺寸相同。准备2块厚芯胶合板（面积1820×910mm、厚18mm），让建材市场的人按照图中所示切割，然后自行组装成箱型。

在胶合板之间涂上木工专用胶并用螺丝钉固定。

吊柜收纳和长凳收纳的各种用法

确认过龙骨位置后，每隔150mm用一个螺丝钉固定，即可安装在天花板上。

可以在顶板背面的中央部分，用切割后剩余的板材来加固。

敷面膜的时候还可以坐在上面做瑜伽。

↓ 安装挂衣杆后的效果

在吊柜上安装不锈钢挂衣杆，还可以用来晾洗好的衣服和毛巾。

长凳还可以用于暂时放睡衣或用作衣服的烫衣板等，用途十分多样。

可以把全家人的浴巾都展开晾着，非常便利。

自己动手让空间变整洁

有效利用洗衣机上方的空间

不想破坏墙壁时，可以用市面销售的墙面挂杆自己动手制作开放式架子。
有效活用洗衣机上方的空间吧。

市面上有售的
顶墙固定器。

架子搁板使用的板材是
切割成300×850mm、
18mm厚的厚芯胶合板。

可以使用统一的收纳篮，
让容易显得凌乱的开放式
架子看起来更整齐。

在立柱上安装支架或托架，
用于放置搁板。

在2×4（横截面约为38×
89mm）的木材上下端安装
顶墙固定器，制作成立柱。
立柱安装在天花板有龙骨的
位置。木材长年累月会缩小
或产生裂痕，因此需要每年
检查一次是否有倾倒的危险。

推荐使用市面上有
售的顶墙固定器。

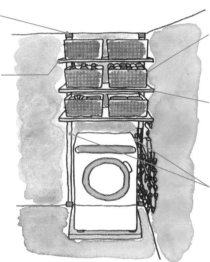

按自己的方式改良

架子搁板下面用螺
丝钉安装横杆。

只安装一层的架子并在下面装上横杆，可以用来挂浴巾、浴室地垫等。

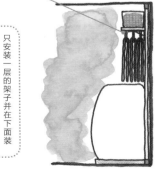

300

架子搁板也可以使
用L形支架固定在
立柱上。可以用来
存放刚脱下来的衣
物和清洁剂、毛巾
等物品。

在架子搁板下面安
装晾衣杆或挂钩，
便可以得到一个悬
挂式收纳空间。

家务空间 × 收纳

洗手间还有富余的空间时，可以在洗手台的对面设置一个兼具家务空间功能的收纳空间。
把扫除工具与洗浴工具分开收纳，使用时会更加便利。

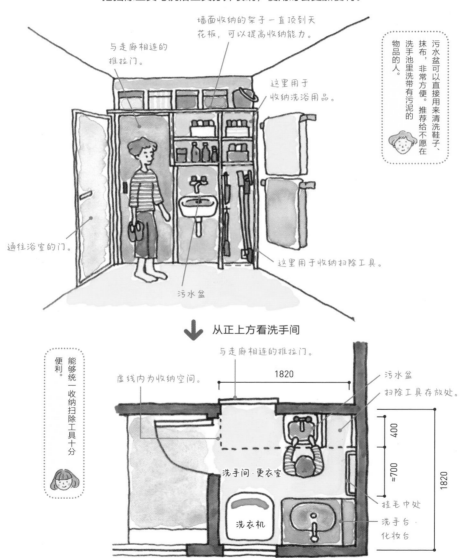

墙面收纳的架子一直顶到天花板，可以提高收纳能力。

与走廊相连的推拉门。

这里用于收纳洗浴用品。

污水盆可以直接用来清洗鞋子、抹布，非常方便。推荐给不愿在洗手池里洗带有污泥的物品的人。

通往浴室的门。

这里用于收纳扫除工具。

污水盆

从正上方看洗手间

能够统一收纳扫除工具十分便利。

与走廊相连的推拉门。

虚线内为收纳空间。

1820

污水盆

扫除工具存放处。

洗手间·更衣室

400

≈700

1820

挂毛巾处

洗手台·化妆台

洗衣机

口腔护理用具

牙刷　　牙膏

电动牙刷（200）
杯子、牙线（100左右）

清洁剂类

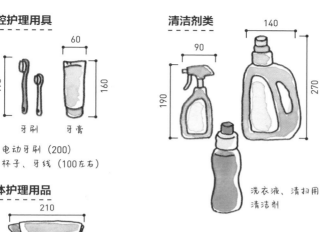

洗衣液、清扫用
清洁剂

身体护理用品

T形剃须刀（150）
电动剃须刀（100～170）
发乳、化妆水（200）

吹风机

吸尘器

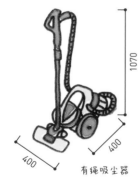

有绳吸尘器

无绳吸尘器

充电式吸尘器需
要200～500mm
见方的空间放置
充电器。

扫地机器人

体重秤

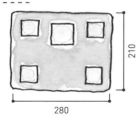

毛巾

短边叠3折，长边叠4折，
浴巾折叠成200×300×
100mm、擦脸巾折叠成
100×200×79mm左右。

沐浴时在浴室内使用的物品加上在浴室外使用的物品，从身体护理用品到扫除工具，洗手间·更衣室要在小于其他房间的空间内收纳大量零碎的物品。这正是展现一个人收纳能力的时刻。

收纳空间太少，物品放不下

打扫起来好麻烦……

扫除工具和卫生用品直接放在地上，不便于打扫，
导致厕所积灰……

 我朋友说她家厕所里没有收纳空间，总是乱七八糟的，觉得很烦恼。

 厕所里没有收纳空间，就会把物品都堆在地上，打扫起来很麻烦。

 没错。一旦偷懒不去打扫，那些污渍便会变得难以清除，可能还会因此产生难闻的气味……

 在用起来顺手的地方设置一个收纳空间，时常清理地板和墙壁上容易变脏的地方，打扫起来也会更仔细，更能保持厕所的洁净。

 客人来家里也会使用厕所，而且厕所还是家人唯一可以独处的单间，我希望厕所不仅是用来解手的地方，还能是一个治愈的空间。不知道有没有什么办法可以轻松增加厕所里的收纳空间呢？

用挂杆与盒子收纳

用挂杆与盒子组合在一起即可轻松增加厕所的收纳空间。
再多花一点心思，就能得到非常美观的收纳空间。

安装2根挂杆，然后将盒子整齐地摆放在上面，便形成一个简单的收纳空间。将挂杆换成板状的工具会更加稳固。

使用市面上销售的木盒和胶合板制作而成的薄型盒子，竖着摆放用于收纳。将卫生用品和扫除工具等统一收纳在里面，打扫地板时可以轻松移开，非常便利。

用丝带将院子里种的薰衣草系起来挂在这里，时间久了薰衣草自然而然会变成干花。之后便可以享有数月的花饰与花香。

厕纸的备用品也可以悬挂在这里，还很卫生。在60mm左右的小树枝上拴上绳子，就能制作出一个美观的收纳工具。

有客人到访时把盒子转过去，看起来会更加整齐！

▼ 挂杆制成的架子也能很漂亮……

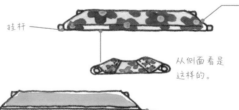

挂杆

从侧面看是这样的。

还可以用自己喜欢的布料包裹住挂杆。只需用双面胶在布的两端固定住即可。

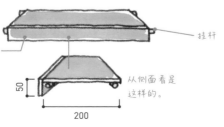

挂杆

从侧面看是这样的。

还可以在挂杆上放一个比较薄的板材（5mm厚）。用木工专用胶在前侧呈L形粘一块板材，可以遮挡住挂杆，打造出搁板的外观。

50

200

自己动手让家变整洁

壁挂式收纳 × 装饰架

厕所里也有不少死角，比如坐便器上方等。
自己动手来制作充实的壁挂式收纳空间吧。

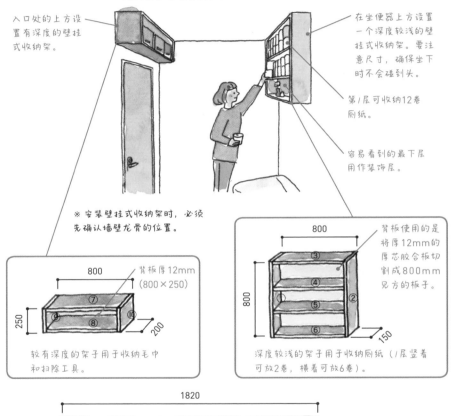

入口处的上方设置有深度的壁挂式收纳架。

在坐便器上方设置一个深度较浅的壁挂式收纳架。要注意尺寸，确保坐下时不会碰到头。

第1层可收纳12卷厕纸。

容易看到的最下层用作装饰层。

※ 安装壁挂式收纳架时，必须先确认墙壁龙骨的位置。

背板厚12mm
（800×250）

800
250
⑦
⑨
⑧
⑩
200

较有深度的架子用于收纳毛巾和扫除工具。

背板使用的是将厚12mm的厚芯胶合板切割成800mm见方的板子。

800
800
③
④
①
⑤
⑥
150

深度较浅的架子用于收纳厕纸（1层竖着可放2卷，横着可放6卷）。

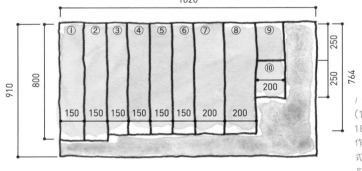

1820
① ② ③ ④ ⑤ ⑥ ⑦ ⑧ ⑨
910
800
150 150 150 150 150 150 200 200
250
⑩
250
200
764

1块厚芯胶合板（1820×910mm，18mm厚）可以制作大、小两个壁挂式收纳架（背板需另外准备）。

不伤墙壁也能充分收纳

因为租房不想伤到墙壁，还是墙面挂杆式收纳更便利。
可以顺着墙壁或坐便器上方自己动手轻松收纳空间。

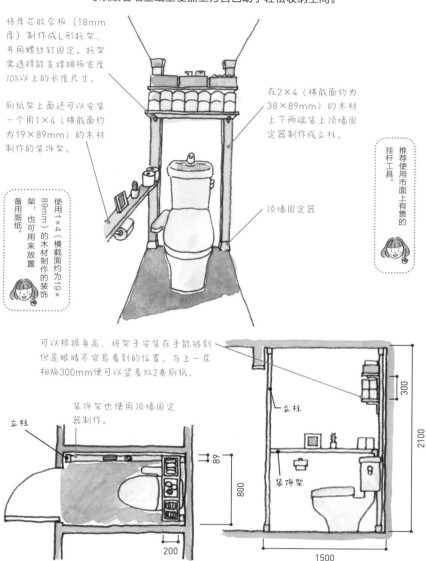

将厚芯胶合板（18mm厚）制作成L形托架，并用螺丝钉固定。托架需选择能支撑搁板宽度70%以上的长度尺寸。

厕纸架上面还可以安装一个用1×4（横截面约为19×89mm）的木材制作的装饰架。

在2×4（横截面约为38×89mm）的木材上下两端装上顶墙固定器制作成立柱。

推荐使用市面上有售的挂杆工具。

使用1×4（横截面约为19×89mm）的木材制作的装饰架，也可用来放置备用厕纸。

顶墙固定器

可以根据身高，将架子安装在手能够到但是眼睛不容易看到的位置。与上一层相隔300mm便可以竖着放2卷厕纸。

装饰架也使用顶墙固定器制作。

立柱

立柱

装饰架

300

2100

89

800

200

1500

利用家具布局让家变整洁

厕所+300mm

可以增加厕所的宽度，设置一个兼用作洗手池的墙面收纳。
不仅收纳能力强，厕所的空间也更加充实、更加舒适。

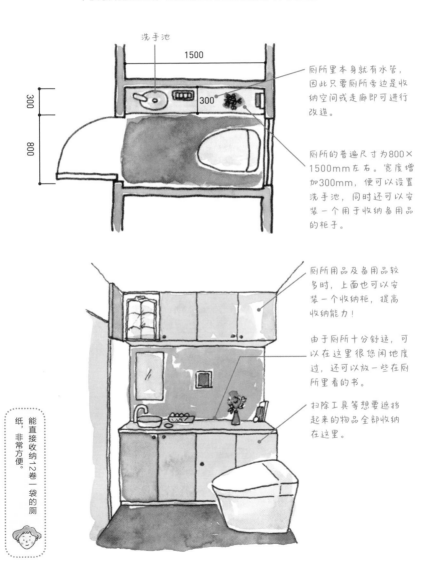

洗手池

1500

300

800

300

厕所里本身就有水管，因此只要厕所旁边是收纳空间或走廊即可进行改造。

厕所的普遍尺寸为800×1500mm左右。宽度增加300mm，便可以设置洗手池，同时还可以安装一个用于收纳备用品的柜子。

厕所用品及备用品较多时，上面也可以安装一个收纳柜，提高收纳能力！

由于厕所十分舒适，可以在这里很悠闲地度过，还可以放一些在厕所里看的书。

扫除工具等想要遮挡起来的物品全部收纳在这里。

能直接收纳12卷一袋的厕纸，非常方便。

厕纸

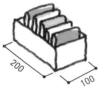

115
110

345
220
12卷

卫生用品

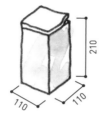

200
100

210
110
110

卫生用品盒

毛巾

短边叠3折，长边叠4折，洗脸毛巾的尺寸约为100×200×70mm。

扫除工具

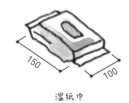

150
100

湿纸巾

200

喷雾式清洁剂

其他，马桶刷（380）等。

你是否把厕纸和扫除工具等物品直接放在了地上？重新考虑厕所的收纳方式，能让你每天的清扫工作更加轻松，也能让厕所变成一个比现在更加舒适、甚至可以养精蓄锐的空间。

收纳不下的鞋子都直接放在外面

遇到抱着体积较大的货物看不到地上物品的情况时，
可能会被玄关处的鞋子绊倒。鞋子四处乱放很危险。

 我们家的玄关很狭窄，鞋柜也小。很快便没办法收纳所有的鞋子了，现在鞋子经常直接放在外面。

 玄关太乱，突然有客人到访时会很尴尬。

 打扫起来也很麻烦。玄关处不仅有泥土，还会积攒不少头发与灰尘。

 我也很想整理得整整齐齐，可收纳空间有限……说起来，空间本来就小，没办法轻易增加收纳空间吧？

 既然如此，就要想办法尽可能有效地利用现有的空间。

利用走廊上方的空间收纳

玄关处的空间不足时，可以利用走廊的空间收纳。
天花板是个意想不到的死角。可以通过加工市面上销售的3层收纳盒来制作吊柜。

除了鞋子和帽子，天花板上的收纳空间还可
以用于收纳手提包、护目镜等季节性物品。
频繁使用的物品要放在便于拿取的地方。

嗯，
放进去。

这个也
放进去
吗？

给收纳空间安装照明，能
令走廊看起来很有氛围。

走廊

2m左右的高度，只需要
站在板凳上即可拿到。

每个吊柜之间要留出一定的
间隔，便于拿取。

玄关

走廊不是长时间待留的场所，
因此地面距离吊柜的高度有2m
左右便足够了。方便拿取物品
的同时也不会产生压抑感。

吊柜用3层收纳盒制作

将市面上有售的3层收纳盒横向摆放用作吊
柜。放入其中的盒子要贴上大一些的标
签，方便在下面抬头看时可以一眼看出里
面装了什么。还可以贴上内容物的照片。

统一盒子的款式和颜色，
看起来会更美观。

如果走廊的宽度小于3层收纳盒，
可以将收纳盒切割一部分后使用。

使用结实的固定式
3层搁板收纳盒。

安装照明，可以装饰走廊。

天花板每隔303～455mm左右
会有龙骨，每到有龙骨处使用
螺丝钉固定（螺丝钉的间隔距
离为150mm左右。木龙骨使
用木工专用螺丝钉，铁龙骨使
用轻型铁龙骨专用螺丝钉）。

用石膏板专用螺栓等固定十分
危险，一定要在有龙骨的地方
使用螺丝钉固定。可以使用通
过针刺来确认位置的简易龙骨
探测装置来寻找龙骨。

无处放置的运动物品和孩子的户外用品

热爱运动与户外活动的家庭，
玄关处总是乱七八糟的……

 玄关的收纳空间大多只有鞋柜，可是还有许多其他想要放在玄关的物品。

 比如婴儿车、运动物品之类的。那些在户外使用的物品都不是很想放到家里呢。

 体积大又碍事，可是没地方放，只好堆在玄关了。就算其他物品都整理得整整齐齐，但只要这个物品放在那里，玄关看起来就会很乱。

 不认真思考一下放在哪里，玄关就会一直乱糟糟的。

 找到收纳空间是最重要的！

 一起思考如何布局才能拥有随时保持整齐又美观的玄关吧！

利用简易工具让空间变整洁

寻找玄关的死角

环顾整个玄关，会发现其实有很多空闲的空间。
寻找玄关的死角，轻松增加收纳空间。

使用鞋柜下方的空间

鞋柜下方有空间的话，可以放入带脚轮的收纳箱，用于收纳婴儿车和运动用品等物品。

婴儿车

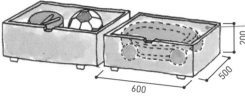

大部分婴儿车都可以折叠起来，还可以放在死角处收纳。

200

500

600

有效利用鞋柜

→

思考最高效的收纳方式。推荐使用网上即可买到的简易鞋架，只需一只鞋的空间便可以收纳一双鞋。

利用靴撑等工具高效收纳靴子。通风良好，还不会破坏靴子的形状，对靴子来说是最佳的收纳方式。

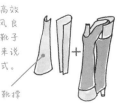

+

靴撑

还可以卸掉搁板，制造出存放大件物品的收纳空间。

每一层的高度按照鞋子的高度调整，并增加搁板的数量。

101

利用家具布局让空间变整洁

利用现有的窗户扩建

**为鞋柜里放不下的大件物品和
不想放进室内的物品扩建收纳场所。**

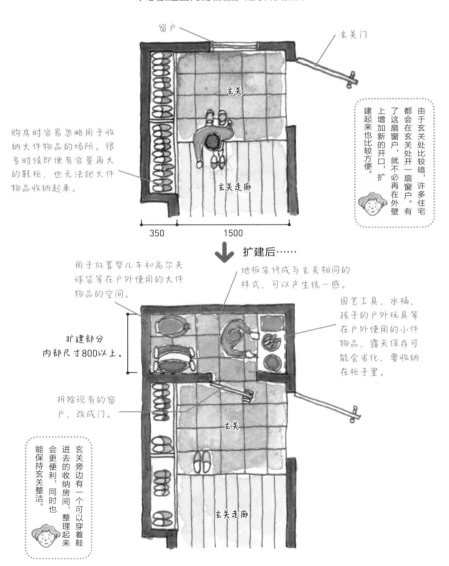

窗户

玄关门

玄关

玄关走廊

购房时容易忽略用于收纳大件物品的场所。很多时候即便有容量再大的鞋柜，也无法把大件物品收纳起来。

350　　　1500

由于玄关处比较暗，许多住宅都会在玄关处开一扇窗户。有了这扇窗户，就不必再在外壁上增加新的开口，扩建起来也比较方便。

↓ 扩建后……

用于放置婴儿车和高尔夫球袋等在户外使用的大件物品的空间。

扩建部分
内部尺寸800以上。

折除现有的窗户，改成门。

地板装修成与玄关相同的样式，可以产生统一感。

园艺工具、水桶、孩子的户外玩具等在户外使用的小件物品，露天保存可能会劣化，要收纳在柜子里。

玄关

玄关走廊

玄关旁边有一个可以穿着鞋进去的收纳房间，整理起来会更便利，同时也能保持玄关整洁。

利用家具布局让空间变整洁

玄关旁便利的大型收纳空间

可以选择玄关面积大一些的住宅，将玄关的一部分改造成大型收纳空间。
推荐将家人与客人的动线区分开来。

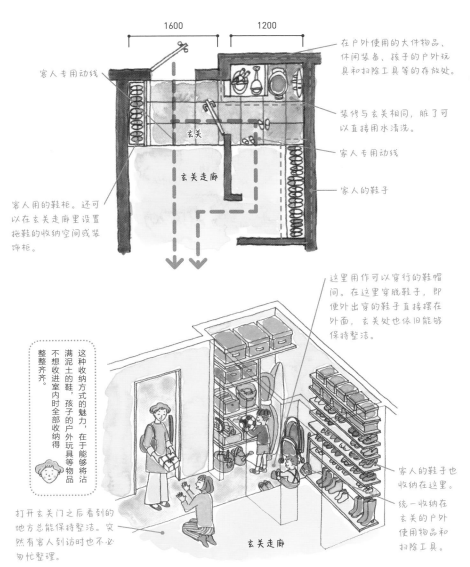

1600　　　　1200

客人专用动线

在户外使用的大件物品、休闲装备、孩子的户外玩具和扫除工具等的存放处。

装修与玄关相同，脏了可以直接用水清洗。

玄关

家人专用动线

玄关走廊

家人的鞋子

客人用的鞋柜。还可以在玄关走廊里设置拖鞋的收纳空间或装饰柜。

这里用作可以穿行的鞋帽间。在这里穿脱鞋子，即便外出穿的鞋子直接摆在外面，玄关处也依旧能够保持整洁。

这种收纳方式的魅力，在于能够将沾满泥土的鞋，孩子的户外玩具等物品不想收进室内时全部收纳得整整齐齐。

打开玄关门之后看到的地方总能保持整洁。突然有客人到访时也不必匆忙整理。

家人的鞋子也收纳在这里。

统一收纳在玄关的户外使用物品和扫除工具。

玄关走廊

装饰架上乱七八糟！
简直就像在告诉访客自己不会整理房间。

我们家鞋柜上面是用来摆放鲜花和季节性装饰品的装饰架。

我们家也有。经常会随手将信箱里取出来的信件和明信片放在上面，导致装饰架上乱七八糟。

没错！很想摆一些鲜花和自己喜欢的装饰品，把门口装饰得漂亮一些。

毕竟是客人到访时第一眼看到的地方。

回家时看到门口摆着花，感觉多棒呀。不过，比起装饰品，或许能随手放些物品的空间更重要吧……

如果有专门放零碎物品的地方就好了。真希望装饰架可以一直保持整洁美观啊！

随手放在玄关附近的零碎物品

在玄关设置一个专门用于收纳外出时必须带的物品及在玄关处需要使用的物品吧。
要领是收纳紧凑且易于拿取。

能挂起来的物品就挂起来

挂在装饰架的墙面
或收纳柜的门口。

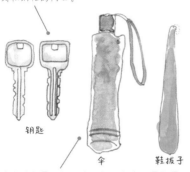

钥匙

伞

鞋拔子

外出时需要的物品中，能挂起来的要尽量挂
起来收纳。鞋拔子要挂在穿鞋时手可以轻松
拿到的地方。

其他小件物品放在专用空间里

在墙上或门后安装一个收纳盒
或小柜子。

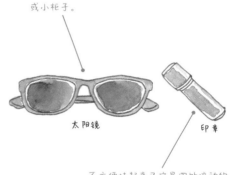

太阳镜

印章

不方便挂起来又容易四处滚动的
印章等物品，可以统一放在托盘
或小盒里收纳，便于管理。

擦皮鞋的工具整理好放在盒子里

整理好放在盒子里，
收纳在鞋柜中。

这些工具比较零碎又容易污染其他
物品，最好可以收进盖好盖子的罐
子里。

信件不要放在玄关

收到信件后立刻确认内容，丢掉没用的信件。
有用的信件直接拿到客厅。关于如何整理积攒
了很多的邮件，参见第108页。

要养成从信箱里拿取信件后
不随手放在玄关装饰架上的
好习惯。

自己动手让家变整洁

设置收纳小件物品的地方

零碎的小件物品使家显得很乱,
在玄关装饰架侧面的墙壁上安装一个壁挂式收纳!

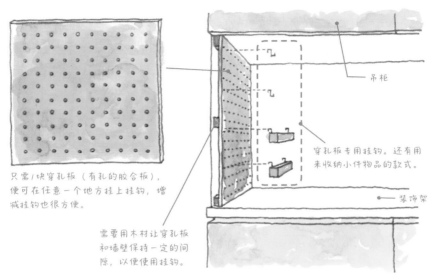

只需1块穿孔板(有孔的胶合板),
便可在任意一个地方挂上挂钩,增
减挂钩也很方便。

需要用木材让穿孔板
和墙壁保持一定的间
隙,以便使用挂钩。

吊柜

穿孔板专用挂钩。还有用
来收纳小件物品的款式。

装饰架

将靠近玄关门的一侧墙壁用作
放置小件物品的地方,这样客
人到访时不容易看到。

有聚光灯的地方是摆放装饰品
的最佳位置。

装饰架

留出放置小件物品的地方,装
饰架就能起到原本的作用。让
你拥有一个能够维持整洁与舒
适的玄关。

折叠雨伞淋湿后不要直接挂在这里,
用过的雨伞要先放在其他地方撑开晾干。

将装饰架改造成小件物品收纳空间

如果除了印章和钥匙还有大量零碎的小件物品，干脆给部分装饰架加扇门，改造成收纳空间，确保收纳量吧。不要忘记在门上留出用于装饰喜欢画作或照片的地方。

为了把装饰架改造成收纳空间，需要DIY一扇门。合页选用滑轨合页。

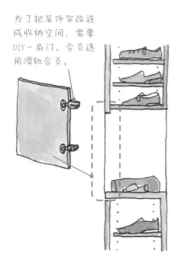

门的表面专门用作装饰的部分。选择不同于其他部分的色彩。深色更能突显照片等装饰物。

给照片或明信片加个相框，看起来会更加高级。

门上不安装把手，而是选用按压开关式门，看起来会更加整齐。

↓ 打开后

鞋拔子放在穿鞋时方便拿取的位置。

鞋的护理套装统一收纳在盒子里。

信件专用的垃圾箱。

这里还可以放给信件分类的文件盒。

钥匙分别挂在挂钩上。

把门后的空间也充分利用起来，就可以轻松收纳零碎的小件物品了。

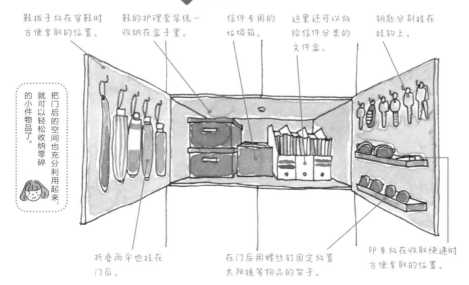

折叠雨伞也挂在门后。

在门后用螺丝钉固定放置太阳镜等物品的架子。

印章放在收取快递时方便拿取的位置。

积攒的信件和文件该放到哪里

信件很容易堆在玄关。
结果越重要的信件就越容易丢失，有时直到最后都找不到……

 信件如果不及时拆开整理，便会越积越多。

 从邮寄广告到重要文件，平时总是会收到各种信件。如果不及时整理信件……

 有时还会忘记特别划算的优惠券，等想起来时已经过了使用期限。

 还有直接领取的文件。就没有什么巧妙的分类方式吗。

 只要制定一个规则，收到后及时整理和收纳，就不会再出现找不到重要文件的情况了。

 教教我怎么制定规则吧！

基础知识 1

文件散乱的原因

整理不好文件的人，
请回想一下自己的日常行为去寻找原因。

根本没有固定的收纳地点

不知道收到哪里去了。

收纳地点离玄关很远

啪

随手便放在玄关处了。

没有定好文件的分类方式

不方便寻找。不能立刻找到
等于没分类。

不方便拿取和收纳。

基础知识 2

整理文件的简单三步

整理文件要从"丢弃"开始。
丢掉信封和没用的宣传单，
减少文件本身的分量很重要。

丢弃 ➡ 分类 ➡ 收纳

文件大致分为两类

文件可大致分为"有期限（暂时保管）"与"无期限（保管）"这两类。
"有期限"根据1周内、1个月内、半年内的期限分类，"无期限"根据类型分类。

先丢弃没用的物品

除必要物品外，信封、宣传单等没用的物品全部丢弃。

马上丢弃。没用的物品

在玄关到收纳地点的动线上放一个垃圾桶，就能迅速扔掉没用的宣传单等物品了。越是容易拖延的人，越需要做好能立刻丢弃的准备。

给有期限与无期限的文件分类

> 有期限的文件
> （暂时保管）
> · 邮寄广告
> · 优惠券
> · 账单
> · 学校等地方寄来的通知
> · 书信

> 无期限的文件
> （保管）
> ①发票
> ②说明书
> ③保修卡
> ④保险证券
> ⑤家人的文件
> 　（检查结果、工资明细等）
> ⑥其他重要文件
> 　（住房贷款证明、房产证明等）

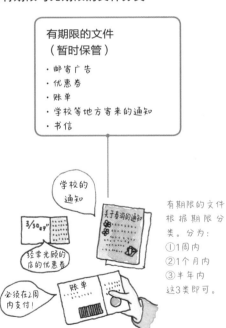

学校的通知

3/30e?

经常光顾的店的优惠券

必须在2周内支付！

账单

有期限的文件根据期限分类。分为：
①1周内
②1个月内
③半年内
这3类即可。

无期限的文件大致分为上面这6类即可。

有期限的根据期限分类，无期限的根据类型分类。有明确的分类标准，整理文件也更易于长久地坚持下去。

便于收纳且不需要遮挡的收纳方式

想要文件整齐，专用的收纳地点是必不可少的。

利用一些实用工具，制作根据文件类型（参见第110页）分别收纳的文件收纳盒。

有期限的文件根据期限分别收纳在透明盒子里

基本上是空的。要经常检查和处理。

能放入A4文件的透明盒子。

重要的书信等文件，可以在回复完之后和无期限的家人的文件收纳在一起。

①1周内　②1个月内　③半年内

无期限的文件根据类型分别收纳在文件盒里

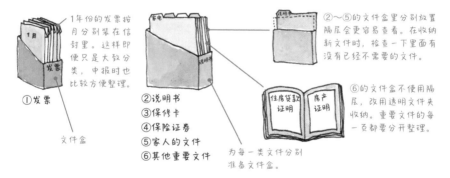

1年份的发票按月分别装在信封里。这样即便只是大致分类，申报时也比较方便整理。

①发票

文件盒

②说明书
③保修卡
④保险证券
⑤家人的文件
⑥其他重要文件

为每一类文件分别准备文件盒。

②～⑤的文件盒里分别放置隔层会更容易查看。在收纳新文件时，检查一下里面有没有已经不需要的文件。

⑥的文件盒不使用隔层，改用透明文件夹收纳。重要文件的每一页都要分开整理。

住房贷款证明　房产证明

收纳地点定在客厅之类平时常在的地方

收纳盒要摆放得一目了然。

收纳有期限的文件的透明盒子设置在门后等最容易看到的地方。

发票　说明书　保险　家人的文件　重要

剪刀、印章、胶水、文具等用于迅速处理文件的工具也一并收纳在这里。

需要收纳的物品及收纳顺序

玄关作为一个出入口，除了收纳鞋子，还经常会堆积一些在户外弄脏了不想放进屋里的物品。思考将这些物品收纳在哪里，是让玄关看起来更加整洁的关键。

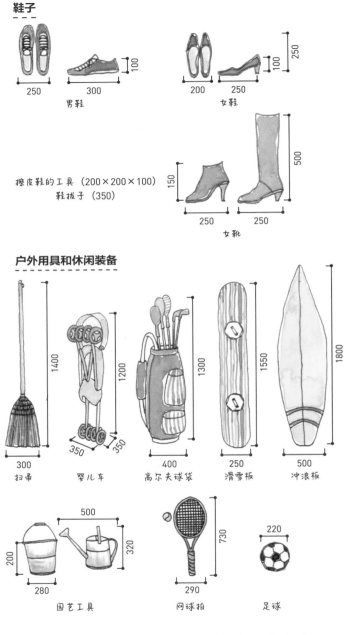

鞋子

男鞋
250
300
100

女鞋
200
250
100
250

擦皮鞋的工具（200×200×100）
鞋拔子（350）

女靴
150
500
250　250

户外用具和休闲装备

扫帚
300
1400

婴儿车
350　350
1200

高尔夫球袋
400
1300

滑雪板
250
1550

冲浪板
500
1800

园艺工具
200
280
500
320

网球拍
290
730

足球
220

其他小件物品

外套（1300×600）、帽子（300）、雨伞（900）、
折叠雨伞（250）、印章（60）、钥匙（60）

112

做家务可以消耗卡路里

随着家用电器的发展，家务中那些曾经多由女性负责的重体力劳动变得轻松了许多。然而这种便利换来的却是现代人的运动不足与体力不支的问题。家务变轻松以后，人们在空闲时间开车去健身房付费瘦身，总觉得有些浪费钱。

做家务所消耗的卡路里远比大家想象得要多。假如只要每天做做家务就能燃烧脂肪，还有助于瘦身，感觉似乎很划算。知道做每项家务所消耗的卡路里之后，做起家务来应该会更有干劲吧！

家务		消耗卡路里		运动
做饭 洗衣服 **60**分钟	=	约 **105** kcal	=	散步 乒乓球 **30**分钟
打扫卫生 收拾整理 **60**分钟	=	约 **135** kcal	=	棒球 陪孩子一起玩 **30**分钟
用吸尘器吸尘 擦地 **60**分钟	=	约 **185** kcal	=	游泳 爵士舞 **35**分钟
打扫浴池 地板打蜡 **60**分钟	=	约 **200** kcal	=	做饭 洗衣服 **35**分钟

2 摆脱脏乱房间的技巧

衣柜里多到放不下的衣物

睡在乱七八糟的卧室里，
感觉晚上做梦都会说梦话："我必须整理一下……"

我公司的同事衣服特别多，她总是哀叹卧室里的收纳空间再多都不够用。

卧室是休养生息的地方，在整个住宅中，应该是最能令人放松的舒适区域。

然而，现实却是很多家庭的卧室里摆着衣柜、书柜等等，地板上堆着衣服和包……在这样的空间里，太多的信息跃入眼中刺激大脑，很难得到充分的休息。

如果睡觉时发生地震，卧室里的大型家具都很危险呢。

没错！卧室应该是个非常简单的空间，只放最低限度的必要物品与比较柔和的光源进行照明。

究竟该如何提高卧室的收纳能力呢？

基础知识 1

根据衣服长度决定衣柜高度

先来看看挂在衣柜里比较有代表性的衣服的长度吧。
衣柜的高度取决于如何收纳这些衣服。

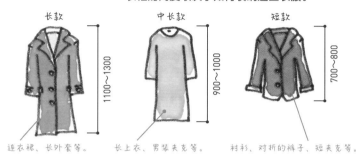

长款　　　　　　　中长款　　　　　　　短款

1100~1300　　　900~1000　　　700~800

连衣裙、长外套等。　长上衣、男装夹克等。　衬衫、对折的裤子、短夹克等。

首先，需要了解一下在卧室中使用的衣服、被褥等物品便于收纳的尺寸。

基础知识 2

衣服宽度决定衣柜深度

是否有门，以及衣柜的形状等都会影响衣柜的深度。
先来了解一下最低限度的必要深度大概是多少吧。

墙面收纳等有门的情况　　　　**步入式衣帽间等没有门的情况**

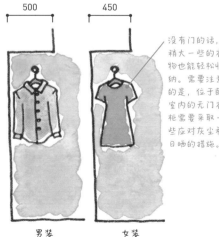

600　　　500　　　　　500　　　450

衣柜深度略窄时，把衣服斜着挂也能收进衣柜，但是拿取时很不方便，还会产生收纳死角，有时还会导致衣物受损。

没有门的话，稍大一些的衣物也能轻松收纳。需要注意的是，位于卧室内的无门衣柜需要采取一些应对灰尘和日晒的措施。

男装　　　　女装　　　　　男装　　　　女装

基础知识 3

由使用方式决定过道宽度

无论是墙面收纳还是步入式衣帽间，过道的宽度都会直接影响收纳时的便利程度。
应先想好平时的使用方法再决定过道宽度。

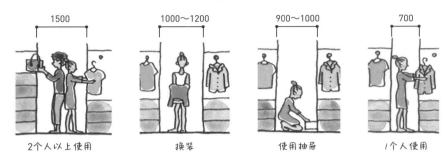

1500	1000~1200	900~1000	700
2个人以上使用	换装	使用抽屉	1个人使用

基础知识 4

床上用品的最佳折叠方式

许多家庭在夏季和冬季都会换一套床上用品吧。
接下来，就为大家介绍一种把厚重的床上用品收纳在专用收纳盒中的最佳折叠方式。

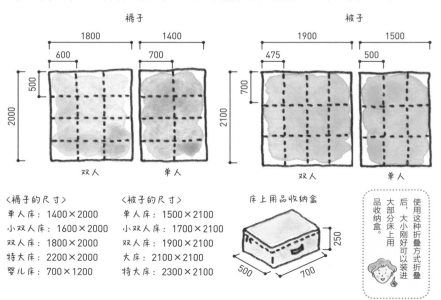

褥子
1800　600　500　2000　双人
1400　700　单人

被子
1900　475　700　2100　双人
1500　500　单人

〈褥子的尺寸〉
单人床：1400×2000
小双人床：1600×2000
双人床：1800×2000
特大床：2200×2000
婴儿床：700×1200

〈被子的尺寸〉
单人床：1500×2100
小双人床：1700×2100
双人床：1900×2100
大床：2100×2100
特大床：2300×2100

床上用品收纳盒
250　500　700

使用这种折叠方式折叠好后，大部分床上用品刚好可以装进品收纳盒。

基础知识 5

了解床的尺寸

你知道自己现在正在使用的床或是即将购买的床的具体尺寸吗，
来复习一下吧。

单人床
2000
1000
1名成年人

小双人床
1200
1名成年人，较宽敞

双人床
1400
2名成年人

大床
2000
1600
2名成年人

特大床
1800
2名成年人（可加1名幼儿），较宽敞

单人床×2
2000
2000
2名成年人+1名幼儿

需要注意的是，孩子的睡相不太好，最好选择宽度上有富余的床。

把两张单人床并在一起使用，将来有需要时还可以分别放在两个房间里。

117

基础知识 6

床摆放的位置

床摆放的位置应是两面或三面离墙，
床头一侧紧贴墙壁。

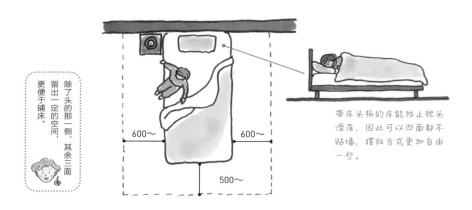

除了头的那一侧，其余三面留出一定的空间，更便于铺床。

带床头板的床能防止枕头滑落，因此可以四面都不贴墙，摆放方式更加自由一些。

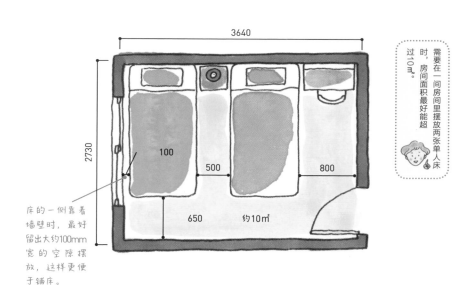

需要在一间房间里摆放两张单人床时，房间面积最好能超过10㎡。

床的一侧靠着墙壁时，最好留出大约100mm宽的空隙摆放，这样更便于铺床。

宽敞的卧室需要分隔式收纳

忙碌的清晨由卧室开始。

如果卧室空间有富余，可以通过自己动手制作带脚轮的开放式柜子或桌子来提高功能性。

把合页门换成推拉门，这样门在打开的状态下也不碍事。

5460

600

600 600 900

3640

卧室（19.5㎡）

首饰盒

1450

750 750 400

收纳展示柜。把帽子和包等物品像商店里那样摆放整齐。

书房角 收纳展示柜

1450

800

柜子高度大约为人直立时肩膀的高度，床上的人能够感受到气息，但看不到正在换衣服的人。

笔记本电脑

化妆工具

书、相册

750

1050 1050 400

书房角。兼具收纳功能的桌子。可用于化妆和案头工作等。

↓ 这种摆放方式是错误的

卧室（19.5㎡）

虽然卧室面积比较大，可以摆下很多家具，但不能一味地购买很高的家具。这样会令房间看起来不协调。

面积狭小的卧室应充分利用高度

空间不够宽敞的卧室，可以在卧室里制作一个小二层。
充分利用下半部分的空间去收纳。推荐使用可移动式收纳家具。

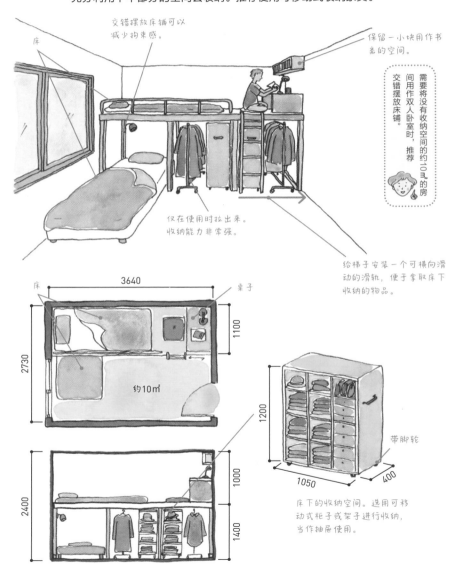

交错摆放床铺可以
减少拘束感。

床

保留一小块用作书
桌的空间。

需要将没有收纳空间的约10㎡的房间用作双人卧室时，推荐交错摆放床铺。

仅在使用时拉出来。
收纳能力非常强。

给梯子安装一个可横向滑动的滑轨，便于拿取床下收纳的物品。

床

3640

桌子

1100

2730

约10㎡

1200

带脚轮

1050

400

1000

2400

1400

床下的收纳空间。选用可移动式柜子或架子进行收纳，当作抽屉使用。

最佳选择还是步入式衣帽间

最理想的收纳空间是收纳能力优秀又便利的步入式衣帽间（W.I.C）。
不仅可以将卧室与收纳空间分开，没有门的收纳空间收纳起来也更加轻松。

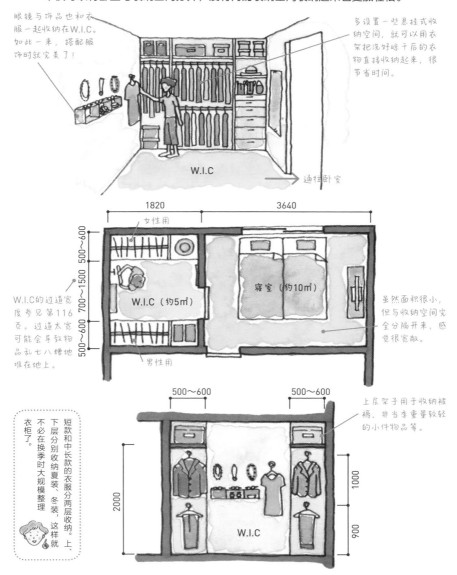

眼镜与饰品也和衣服一起收纳在W.I.C。如此一来，搭配服饰时就完美了！

多设置一些悬挂式收纳空间，就可以用衣架把洗好晾干后的衣物直接收纳起来，很节省时间。

W.I.C

通往卧室

W.I.C的过道宽度参见第116页。过道太宽可能会导致物品乱七八糟地堆在地上。

1820　女性用

3640

500～600
500～1500
700～1500
500～600
500～600

W.I.C（约5㎡）

寝室（约10㎡）

男性用

虽然面积很小，但与收纳空间完全分隔开来，感觉很宽敞。

短款和中长款的衣服分两层收纳。上、下层分别收纳夏装、冬装，这样就不必在换季时大规模整理衣柜了。

500～600　　500～600

上层架子用于收纳被褥、非常轻量较轻的小件物品等。

2000

1000

900

W.I.C

利用家具布局让房间变整洁

重视收纳能力可选择墙面收纳

事先安装好的墙面收纳不仅比之后摆放的家具更稳定，
还和墙壁形成一个整体，不会产生压抑感，收纳起来更加整齐。

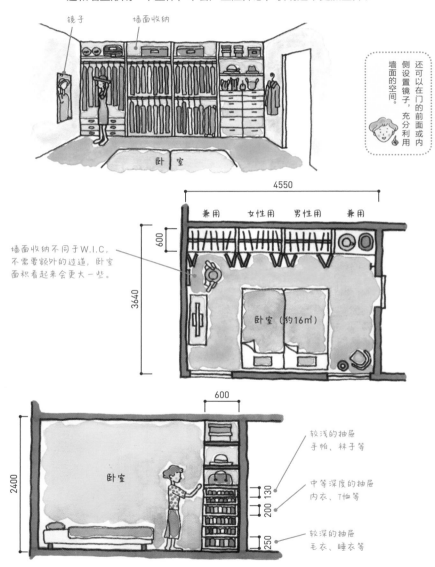

镜子

墙面收纳

卧室

还可以在门的前面或内
侧设置镜子，充分利用
墙面的空间。

4550

兼用　　女性用　　男性用　　兼用

600

3640

墙面收纳不同于W.I.C.，
不需要额外的过道，卧室
面积看起来会更大一些。

卧室 (约16㎡)

600

2400

卧室

200 130

250

较浅的抽屉
手帕、袜子等

中等深度的抽屉
内衣、T恤等

较深的抽屉
毛衣、睡衣等

专栏

....

自己动手制作收纳工具的步骤

....

　　DIY看起来门槛很高，但只要准备好工具和材料，制作步骤并不难。先决定板材的尺寸，然后让建材市场的人帮忙切割好。经过处理的厚芯胶合板更适合制作家具。露在外面的切面处可以贴上封边条。若使用层压板，其切面不用贴封边条也很美观。下面介绍一下制作流程。

1. 标记

标记使用螺丝钉的位置，注意间隔要相同。

2. 打孔

为防止板材开裂，先使用电钻为螺丝钉打孔。

3. 打磨

完成后，把棱角部分打磨圆滑。如果板材表面有粗糙的地方也要打磨光滑。

4. 涂胶

仅使用螺丝钉，接合部分可能会突出来，因此要涂上木工专用胶。

5. 钉螺丝钉

使用电钻垂直钉入螺丝钉。选择长度为板材厚度2.5～3倍的螺丝钉。

6. 刷漆

装配完成后，顺着木纹刷漆，等漆充分干燥后就制作好了！

　　将收纳工具装在墙上时，在有龙骨的部分每隔150mm左右用螺丝钉固定。木龙骨使用木工专用螺丝钉，铁龙骨使用轻型专用螺丝钉。可以使用通过针刺来确认位置的简易龙骨探测装置寻找龙骨。

拿不到壁柜最里面的物品

卧室·衣柜

壁柜深度一般是850mm左右，比较深，
因此有时候很难拿取收纳在最里面的物品……

你们家里有壁柜吗？我之前回父母家，妈妈一直跟我抱怨放在壁柜最里面的物品不好拿出来，找不到自己需要的物品。

壁柜的深度比较深，除了被褥，其他物品收纳起来都很麻烦。

尤其是顶柜，用2层的梯凳根本没办法解决拿取物品不方便的问题，感觉过不了多久就会忘记顶柜里的物品了。

而且还容易积攒湿气。那些娃娃之类的摆设要是发霉了可就糟了。

容量这么大的收纳空间，不好好利用起来也太可惜了。

基础知识 1

壁柜的基本尺寸

日本房屋的长度单位以尺（303mm）为标准。
壁柜也多以1间（1820mm）×3尺（910mm）的标准制作。
这种壁柜不是按照物品尺寸来制作的，因此现代生活中用起来很不方便。

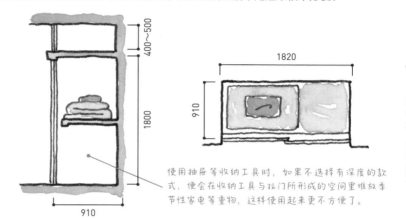

使用抽屉等收纳工具时，如果不选择有深度的款式，便会在收纳工具与拉门所形成的空间里堆放季节性家电等重物，这样使用起来更不方便了。

基础知识 2

被褥的尺寸

过去的被褥比现在的被褥要小一圈，很容易收纳到壁柜里。

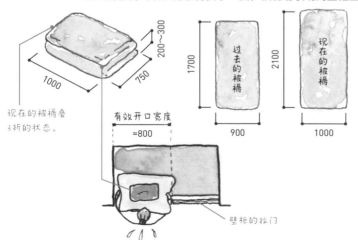

现在的被褥叠3折的状态。

现在的被褥比壁柜的开口宽度要大一些，因此收纳时必须折成〈形才能塞进去。

壁柜的收纳方法

壁柜空间比较大，可以划分为几个区域来收纳。
按照物品使用频率决定收纳位置的优先顺序。

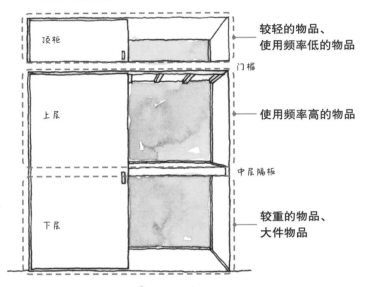

顶柜 — 较轻的物品、使用频率低的物品

门楣

上层 — 使用频率高的物品

中层隔板

下层 — 较重的物品、大件物品

⬇ 进一步思考如何有效利用

放在哪里好呢？

最便于拿出和放入的区域。
床上用品、衣服等。

其次便于拿取和放入的区域。
使用抽屉式收纳或手推车式
收纳会很方便。

需使用脚凳。
季节性装饰品和休闲装备等。

不太容易看到，但是手能够到的
范围。
小件物品、书等。

容易积攒湿气。
手提箱、季节性家电等。

利用实用工具让空间变整洁
活用手推车和架子

根据深度、高度和收纳物的性质选择适合的收纳工具，
大幅提升壁柜的便利程度吧。

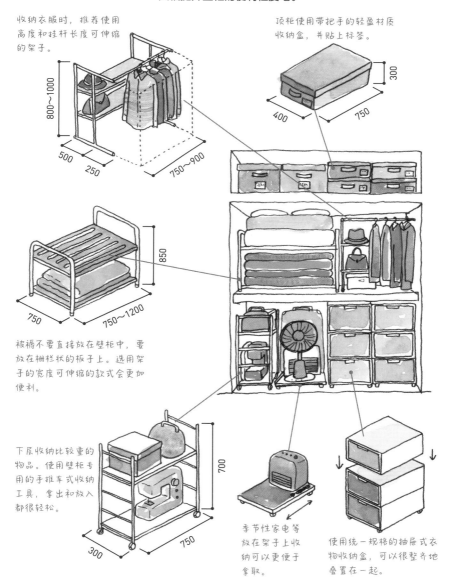

收纳衣服时，推荐使用
高度和挂杆长度可伸缩
的架子。

800~1000

500　250　750~900

顶柜使用带把手的轻盈材质
收纳盒，并贴上标签。

300　400　750

850

750　750~1200

被褥不要直接放在壁柜中，要
放在栅栏状的板子上。选用架
子的宽度可伸缩的款式会更加
便利。

下层收纳比较重的
物品。使用壁柜专
用的手推车式收纳
工具，拿出和放入
都很轻松。

700　750　300

季节性家电等
放在架子上收
纳可以更便于
拿取。

使用统一规格的抽屉式衣
物收纳盒，可以很整齐地
叠置在一起。

127

拆掉拉门改造成案头工作的空间

如果有其他地方收纳被褥等物品，
也不必继续使用诸多不便的壁柜。

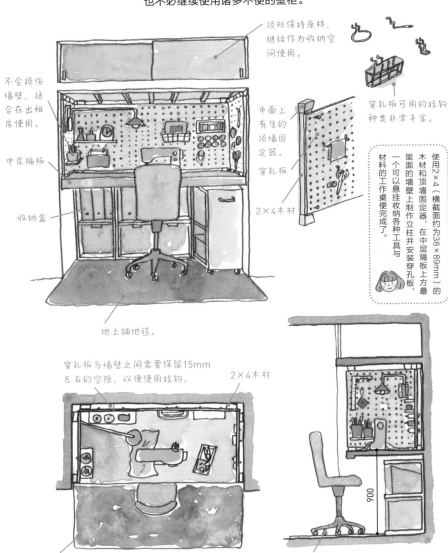

顶柜保持原样，继续作为收纳空间使用。

穿孔板可用的挂钩种类非常丰富。

不会损伤墙壁，适合在出租房使用。

市面上有售的顶墙固定器。

中层隔板

穿孔板

收纳盒

2×4木材

使用2×4（横截面约为38×89mm）的木材和顶墙固定器，在中层隔板上方最里面的墙壁上制作立柱并安装穿孔板，一个可以悬挂收纳各种工具与材料的工作桌便完成了。

地上铺地毯。

穿孔板与墙壁之间需要保留15mm左右的空隙，以便使用挂钩。

2×4木材

900

地毯

配合中层隔板的高度、坐高和所做的工作决定椅子的高度（参见第36页）。

128

自己动手让空间变整洁

拆除中层隔板改造成衣柜

拆掉中层隔板后，壁柜就可以变成衣柜了。

壁柜原有的深度加上高度，能轻松将厚重的衣服与又大又重的行李全部收纳起来。

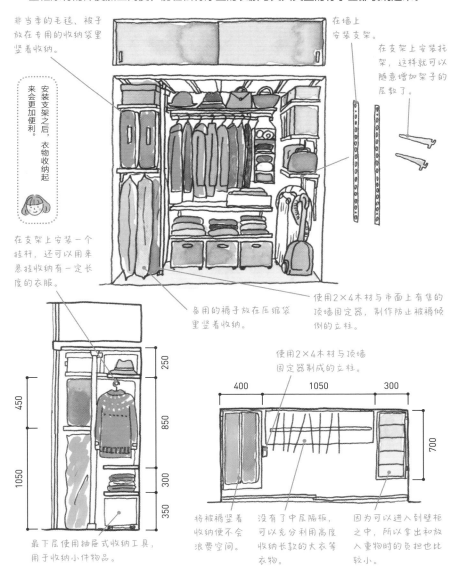

非当季的毛毯、被子放在专用的收纳袋里竖着收纳。

安装支架之后，衣物收纳起来会更加便利。

在支架上安装一个挂杆，还可以用来悬挂收纳有一定长度的衣服。

在墙上安装支架。

在支架上安装托架，这样就可以随意增加架子的层数了。

使用2×4木材与市面上有售的顶墙固定器，制作防止被褥倾倒的立柱。

备用的裤子放在压缩袋里竖着收纳。

使用2×4木材与顶墙固定器制成的立柱。

将被褥竖着收纳便不会浪费空间。

没有了中层隔板，可以充分利用高度收纳长款的大衣等衣物。

因为可以进入到壁柜之中，所以拿出和放入重物时的负担也比较小。

最下层使用抽屉式收纳工具，用于收纳小件物品。

250
450
850
1050
300
350

400
1050
300
700

2

摆脱脏乱房间的技巧

129

拆除拉门与中层隔板改造成小型书斋

将壁柜打通至天花板，然后在里面摆放书架。
这个三面环绕的小空间就会变身成一个书斋。

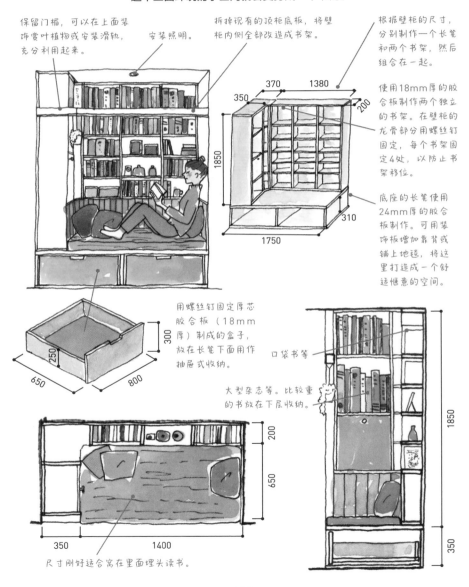

保留门楣，可以在上面装饰赏叶植物或安装滑轨，充分利用起来。

安装照明。

拆掉现有的顶柜底板，将壁柜内侧全部改造成书架。

根据壁柜的尺寸，分别制作一个长凳和两个书架，然后组合在一起。

使用18mm厚的胶合板制作两个独立的书架。在壁柜的龙骨部分用螺丝钉固定，每个书架固定4处，以防止书架移位。

底座的长凳使用24mm厚的胶合板制作。可用装饰板增加靠背或铺上地毯，将这里打造成一个舒适惬意的空间。

用螺丝钉固定厚芯胶合板（18mm厚）制成的盒子，放在长凳下面用作抽屉式收纳。

口袋书等

大型杂志等。比较重的书放在下层收纳。

尺寸刚好适合窝在里面埋头读书。

130

利用家具布局让空间变整洁

打造万能的收纳空间

什么样的收纳空间才能将需要深度的物品与不需要深度的物品全部收纳起来呢？
同等条件下，推荐使用步入式万能收纳空间。

**虽然所占面积较大，
但收纳能力很强的步入式收纳空间**

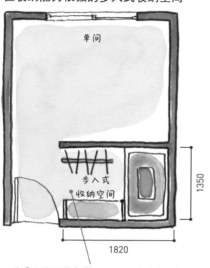

选择比壁柜深度深400mm左右的步入式收纳空间，活动空间小一些也没问题。可以节约空间。

**看起来很紧凑，
但使用起来很不方便的壁柜**

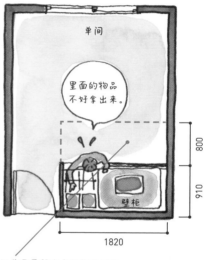

门前需要留出拿取物品时的活动空间。因此这里无法摆放家具。

2

摆脱脏乱房间的技巧

去掉门并改用墙壁分隔空间，便可以拥有一个连被褥也能收纳进去的万能收纳空间了。墙面增加后，家具摆放的选择性也多了。

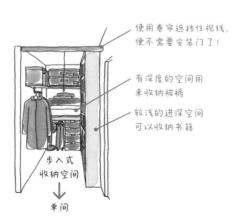

使用卷帘遮挡住视线，便不需要安装门了！

有深度的空间用来收纳被褥

较浅的进深空间可以收纳书籍

需要收纳的物品及收纳顺序

从早上准备出门，到把洗好的衣服放进衣柜，再到晚上的睡眠时间，卧室是我们每天都要使用很多次的地方。为了更好地收纳衣服、包和床上用品等物品，我们需要重新审视一遍平时的收纳方式。

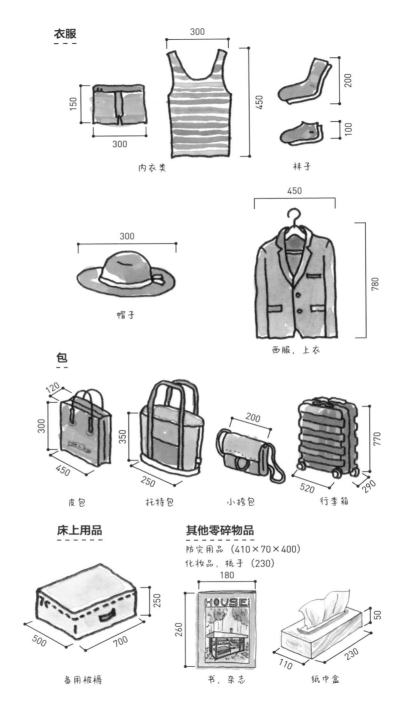

衣服

内衣类

袜子

帽子

西服、上衣

包

皮包

托特包

小挎包

行李箱

床上用品

备用被褥

其他零碎物品

防灾用品（410×70×400）
化妆品、梳子（230）

书、杂志

纸巾盒

专栏

自己动手整理工具

　　电动工具非必需品，但有的话会很便利。其中有不少工具可以在建材市场以十分低廉的价格购买，大家可以考虑一下。

卷尺

测量长形物体时使用。刻度部分可以固定在中间的任意位置，用起来非常便利。

电钻

用于在比较松软的木材上打孔和拧螺丝钉的电动工具。主流为充电型。

线锯

用于切割木材的电动工具。刀刃为可替换型，可以切割曲线和斜线。

砂纸

使木材表面更加光滑。裹在木片上使用会更加便利。

角尺

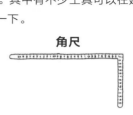

用途非常多，比如标记螺丝钉位置、测量直角等。是DIY的必备品。

冲击钻

比电钻的强度更强。用于加工坚硬的木材或比较厚的木材。

木工专用胶

只用螺丝钉固定木材可能会出现错位的情况，需要用来涂抹木材的连接处。

夹钳

切割木材时，可以将木材固定在工作台上。

玩具和儿童用品四处乱放

房间不整齐不是孩子的错，是房间的错。

 我们家老三现在上小学，房间总是乱七八糟的，打扫起来很累。他总是接二连三地把玩具拿出来，玩耍后也不整理。

 孩子不懂怎么整理房间，不管说多少次，房间也总是不整齐。

 家务特别多的时候，如果孩子能自己整理房间，会轻松许多。

 需要方便孩子主动整理的收纳方式。如果整理房间也能变成一种玩乐方式，孩子自己也会觉得很开心吧。

 方便孩子自己整理的收纳方式，都需要注意些什么呢？

基础知识 1

用照片和图画做标签

想要儿童房整齐，先要了解孩子用起来方便又好整理的收纳基础知识。
首先，要设法消除孩子在拿取物品时所产生的迷茫感。

盒子和柜子上贴有收纳物的照片或图画，这样孩子也可以准确地把物品整理好。

养成给同类型物品分类的习惯，自然变得很会整理。

避免出现因搞错收纳位置使柜子里放不下物品或很难放回去的情况。

基础知识 2

分组统一收纳

根据游戏内容和使用场景等给物品分组，统一收纳。
例如玩过家家的套装、交通工具等套装玩具。

把去幼儿园的用品统一收纳在一起，孩子逐渐可以做好自己去幼儿园的准备了。

幼儿园用品

户外玩具

135

收纳于孩子能拿到的地方

以孩子的身高和力量，将物品收纳到高于头顶的位置很困难。
决定收纳地点时，要以孩子眼睛的高度为标准，并考虑物品的重量。

比较轻的物品

眼睛的高度

绘本、玩偶等

孩子的视野比成年人狭窄，收纳空间不能高于孩子站立时眼睛的高度。

柜子最下面一层使用带脚轮的收纳工具，比较重的物品也能够轻松收纳起来。

木制的积木等

比较重的物品

基础知识 4

能边玩边整理好的结构

一想到不仅不能继续玩，还要把玩具整理好，就会感到情绪低落，毫无动力去整理。
可以花些心思让整理玩具变成玩耍的一个延伸，让孩子可以心情愉快地整理玩具。

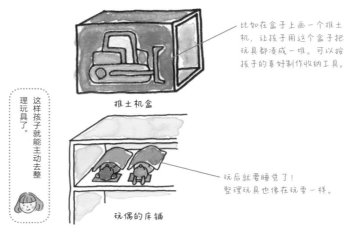

比如在盒子上画一个推土机，让孩子用这个盒子把玩具都凑成一堆。可以按孩子的喜好制作收纳工具。

推土机盒

这样孩子就能主动去整理玩具了。

玩后就要睡觉了！
整理玩具也像在玩耍一样。

玩偶的床铺

处理掉玩具的时机

等到孩子自己认为不需要了再去处理掉玩具。
看准时机，去确认孩子的想法，例如孩子马上要升学的时候。

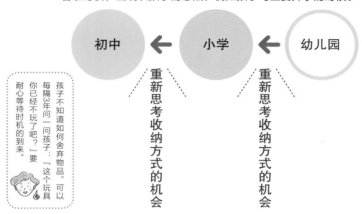

初中 ← 小学 ← 幼儿园

重新思考收纳方式的机会

重新思考收纳方式的机会

孩子不知道如何舍弃物品。可以每隔3年问一问孩子："这个玩具你已经不玩了吧？"要耐心等待时机的到来。

利用房间布局变整洁

墙面收纳

厨房的吊柜基本上只用于收纳偶尔使用的比较轻的物品和备用品。

孩子小的时候，玩具放在最下层，衣物放在最上层。孩子长大一些之后，衣物放在最下层。依此类推，配合孩子的成长，灵活地改变物品的收纳位置。

孩子用不了柜子高于眼睛高度的部分，因此可以用来收纳季节性物品、外出装备等平时不常用和看着赏心悦目的物品。

常用物品、让孩子自己做好外出准备的物品等，都放在孩子可以轻松拿到的最下层。

需要收纳的物品及收纳顺序

娱乐用具

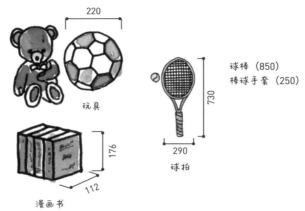

玩具

220

球棒（850）
棒球手套（250）

730

球拍

290

漫画书

176

112

学习用具

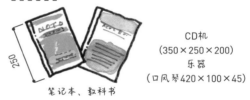

笔记本、教科书

250

CD机
（350×250×200）
乐器
（口风琴420×100×45）

身上穿戴的物品

衣物类

包类、帽子、校服等需要带去学校的物品。

200

150

150

300

100

50

350

250

200

220

170

90

如果收纳方式能令孩子产生自己把房间整理得很整齐的成就感，孩子或许会爱上整理房间。以便于坚持将房间整理整齐的收纳方式为目标。

户外用具收纳到车库里

户外用品大多又重又脏，
最好不要放在房间里保管。

 我丈夫爱好冲浪，但是冲浪板太大，房间里根本放不下。可又不能放在外面日晒雨淋，真不知道该放在哪里好。

 我们家也是，家里现在把未来的儿童房用作储物间，是时候该考虑一下了……

 露营用具和园艺工具也是，大多不想放在家里又或是太大了根本没地方放。

 车库是收纳这类物品的最佳场所。大家可能会觉得车停进去之后就没什么空间了，但其实还有不少富余的空间，必须要好好利用才行。

自己动手让家变整洁

车库 + 某些物品

一辆汽车专用的车库，大多只预留出上下车所必要的最小宽度与深度，
但是只要灵活利用车库墙面和上层空间，
便可以增加收纳空间。

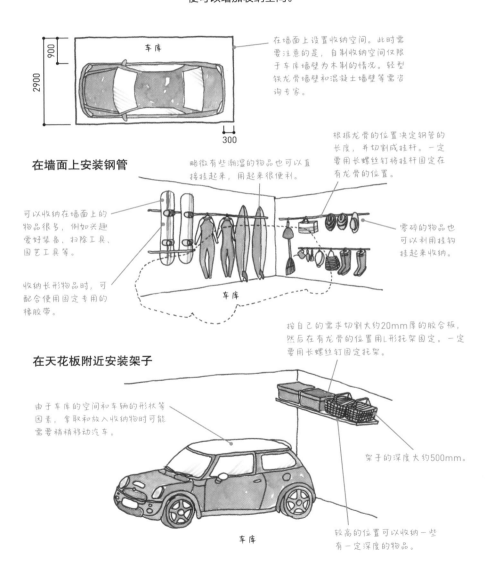

在墙面上设置收纳空间。此时需要注意的是，自制收纳空间仅限于车库墙壁为木制的情况。轻型铁龙骨墙壁和混凝土墙壁等需咨询专家。

在墙面上安装钢管

可以收纳在墙面上的物品很多，例如兴趣爱好装备、扫除工具、园艺工具等。

收纳长形物品时，可配合使用固定专用的橡胶带。

略微有些潮湿的物品也可以直接挂起来，用起来很便利。

根据龙骨的位置决定钢管的长度，并切割成挂杆。一定要用长螺丝钉将挂杆固定在有龙骨的位置。

零碎的物品也可以利用挂钩挂起来收纳。

在天花板附近安装架子

按自己的需求切割大约20mm厚的胶合板，然后在有龙骨的位置用L形托架固定。一定要用长螺丝钉固定托架。

由于车库的空间和车辆的形状等因素，拿取和放入收纳物时可能需要精精移动汽车。

架子的深度大约500mm。

较高的位置可以收纳一些有一定深度的物品。

利用物品布局让空间变整洁

车身后面 + 某些物品

新建车库时，在车身后面多留出一些空间，可以大幅增加收纳量。
如果能再多一些富余的空间，还可以兼用于停放自行车，
这样自行车就不必经受日晒雨淋了。

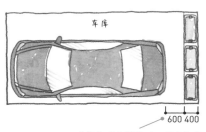

车库

600 400

拿取和存放行李时，把车向后
倒一倒，便可将收纳空间与车
身之间的距离缩短到300mm。

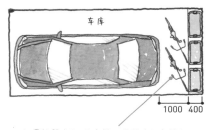

车库

1000 400

如果能留出1m的空间，便可停放自行车。
不必担心刮风下雨，也不必给自行车罩上
车罩，日常使用起来非常便捷。

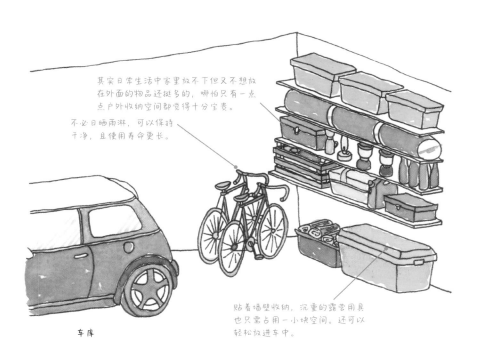

其实日常生活中家里放不下但又不想放
在外面的物品还挺多的，哪怕只有一点
点户外收纳空间都觉得十分宝贵。

不必日晒雨淋，可以保持
干净，且使用寿命更长。

车库

贴着墙壁收纳，沉重的露营用具
也只需占用一小块空间。还可以
轻松放进车中。

141

如何收纳园艺工具

车库·阳台·院子

仓库会破坏庭院的美感。
但是用于维护庭园美感所必需的园艺工具又该放在哪里呢?

 我上周末去亲戚的公寓玩耍。她家的阳台种着蔬菜,可是铲子和肥料等园艺工具都没地方收纳。

 大部分出租房屋的户外收纳空间都很小,很难收纳园艺工具。

 公寓的露台既不能堵住紧急通道,又不能放在和邻居之间的隔墙附近,很难放置大型的收纳工具。

 自有住房也是,许多家庭都在院子里放几间大仓库,这样会令庭园变得很狭窄。

 没有可以收纳户外使用的物品,大小又刚刚好的收纳工具吗?

自己动手让空间变整洁

长凳 × 收纳

自己DIY制作兼具收纳功能的木制长凳。
刷上涂料可以防水，用起来更持久。

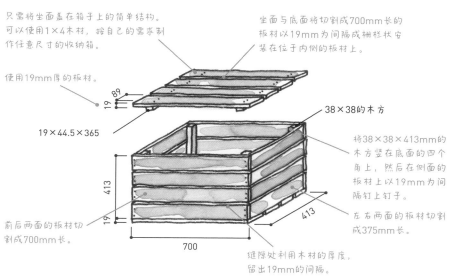

只需将坐面盖在箱子上的简单结构。
可以使用1×4木材，按自己的需求制作任意尺寸的收纳箱。

坐面与底面将切割成700mm长的板材以19mm为间隔成栅栏状安装在位于内侧的板材上。

使用19mm厚的板材。

19 89

38×38的木方

19×44.5×365

413

19

将38×38×413mm的木方竖在底面的四个角上，然后在侧面的板材上以19mm为间隔钉上钉子。

前后两面的板材切割成700mm长。

左右两面的板材切割成375mm长。

413

700

缝隙处利用木材的厚度，留出19mm的间隔。

用途广泛

木制长凳还能用作在园艺工作中小憩的地方。

推荐制作和长凳同款但稍矮一些的种植箱。也可以按照自己的喜好涂上颜色。

也可以放在露台上。还能当矮桌用。

还可以用来暂时搁置洗衣筐。

143

建房子时也要规划户外收纳空间

建新房时，可以设计室内外形成一体的收纳空间。
这片空间在之后会有很多用处，比如伴随孩子的成长、种菜等。

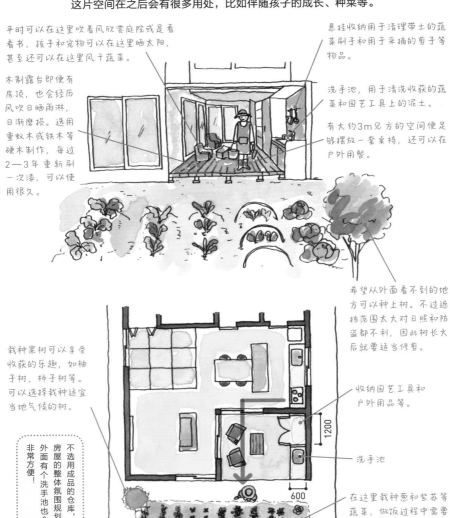

平时可以在这里吹着风欣赏庭院或是看看书，孩子和宠物可以在这里晒太阳，甚至还可以在这里风干蔬菜。

木制露台即便有房顶，也会经历风吹日晒雨淋，日渐磨损。选用重蚁木或铁木等硬木制作，每过2—3年重新刷一次漆，可以使用很久。

悬挂收纳用于清理带土的蔬菜刷子和用于采摘的剪子等物品。

洗手池，用于清洗收获的蔬菜和园艺工具上的泥土。

有大约3m见方的空间便足够摆放一套桌椅，还可以在户外用餐。

希望从外面看不到的地方可以种上树。不过遮挡范围太大对日照和防盗都不利，因此树长大后就要适当修剪。

栽种果树可以享受收获的乐趣，如柚子树、柿子树等。可以选择栽种适宜当地气候的树。

收纳园艺工具和户外用品等。

洗手池

1200

600

不选用成品的仓库，改为按照房屋的整体氛围规划收纳空间。外面有个洗手池也会非常方便！

在这里栽种葱和紫苏等蔬菜，做饭过程中需要用时，可以直接从厨房穿过户外收纳间采摘。

休闲装备

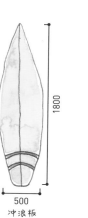

露营用具
（帐篷650×200,
睡袋400×200,
手提灯250×140）

自行车
（1850×600×1200）

高尔夫球袋　滑雪板　冲浪板

晾晒用具

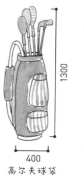

衣架

晾衣夹

晾衣架

晒被夹

伞形晾衣夹

园艺工具

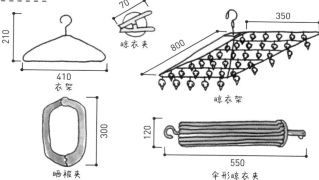

园艺剪刀

洒水壶

手套

种子

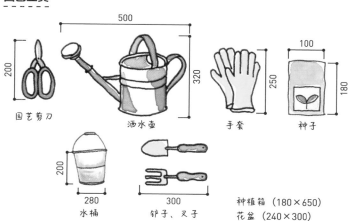

水桶

铲子、叉子

种植箱（180×650）
花盆（240×300）

在户外使用的休闲装备、晾晒用具和园艺工具等物品很难放在房间内保管，但也不能放在外面日晒雨淋。需要为这类物品寻找一个适合的收纳空间，避免不必要的污染。

145

3 优质收纳技巧

把物品全部收起来并不能算作整理房屋。晾晒洗好的衣物、摆放个人收藏品等，在日常生活中使用的物品才最考验房屋收纳术。只需稍稍花一些心思，便可以整理出一个美观又整齐的家。

妥善利用展示型收纳空间

整洁是整洁，可是感觉很煞风景……

把所有物品都收纳起来的房间很煞风景，也让人静不下心来。
越是重要的物品，越应该以展示的收纳方式摆出来使用。

 物品总在需要用的时候，想不起来放在了哪里，结果只能四处乱翻。你们也是这样吗？

 放于平时不怎么打开的收纳空间里，便会忘得一干二净。

 有门的收纳空间看不到里面什么样子，不能立刻把需要的物品拿出来。关上门之后，房间看起来倒是整洁了，可总觉得很煞风景。

 遇到这种情况，就要充分利用展示型收纳空间，不仅能体现出自己的风格，还能成为房间里的装饰品。

 展示型收纳与隐藏式收纳之间的平衡，是房屋收纳起来是否方便的关键。

基础知识 1

展示型收纳与隐藏式收纳相结合

不要把物品全部收起来，也要加入一些展示型收纳。
首先，要了解展示与隐藏各自的优缺点。

**展示型
收纳**

优点

· 展示喜欢的物品，可以体现出自己的风格。

· 能立刻发现哪里乱了并迅速整理好。

· 一眼就能看到要用的物品在哪里。

缺点

· 如果没有整理的标准，房间容易显得乱。

**隐藏式
收纳**

优点

· 形状各异、杂乱无章的物品都能隐藏在门后。

· 即便里面很乱，只要关上门，看起来就会很整洁。

缺点

· 里面容易变得乱七八糟。

· 记不清哪里都收纳了些什么。

基础知识 2

什么物品展示？什么物品隐藏？

了解展示型收纳与隐藏式收纳
两种收纳方式分别适合怎样的物品。

**展示型
收纳**

**隐藏式
收纳**

书、CD、唱片等

形状统一的物品
外形美观的物品

指甲刀、体温计、文具等

零碎的物品
富有生活气息的物品

149

利用简单创意让家变整洁

厨房的展示型收纳与隐藏式收纳

在决定展示什么和隐藏什么时，考虑使用是否便利很重要。
不想展示出来但经常使用的物品，可以利用收纳筐等工具使其看起来更加美观。

展示型收纳
· 喜欢的餐具
· 常用的调料
……

+

隐藏式收纳
· 形状不一的厨具
· 买来备用的食材
……

想让调料类物品看起来美观，关键是使用同一款式的容器。直接用自带的容器摆在一起很不整齐，看起来显得杂乱无章。

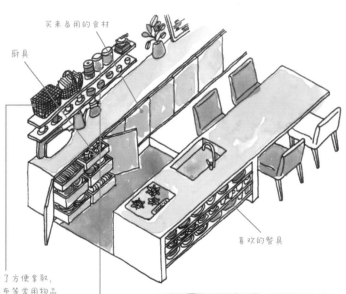

买来备用的食材

厨具

为了方便拿取，抹布等常用物品可以放在收纳筐里，采用展示型收纳方式。

喜欢的餐具

调料采用展示型收纳方式，便于拿取，剩余量也一目了然。再贴上标签，不仅用起来更加便利，看起来也整齐。

自己动手让家变整洁

制作可以任意组合的漂亮柜子

有些物品需要展示型收纳，有些物品需要隐藏式收纳。
将两者整齐地划分开来，远不如将展示与隐藏结合在一起的个性收纳柜。

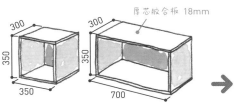

厚芯胶合板 18mm

用厚芯胶合板制作正方形盒子与体积为两个正方形盒子的长方形盒子。胶合板之间用螺丝钉固定。

用螺栓将各个盒子连接在一起。需要制作有一定高度的柜子时，一定要做好防止倒下的措施，例如使用顶墙固定器和双面胶固定等。

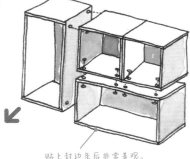

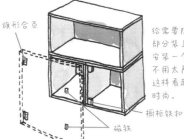

旗形合页

给需要隐藏起来的部分装上门。随便安装一门即可，不用太严丝合缝，这样看起来反而更时尚。

橱柜铁扣

磁铁

贴上封边条后非常美观。

柜子的尺寸与搭配都很自由，能够制作出符合自己心意又适合房间尺寸的柜子。

比较重的书放在下层。

给门刷上自己喜欢的颜色，作为房间中的一个装饰。刷上黑板涂料并用粉笔写上备忘录之后，看起来就像时尚的咖啡馆一样。

151

既是收纳空间又是装饰品

将个人爱好的收藏品变成装饰的一部分，
或是在常用的地方设置收纳场所，这里便会成为一个特别的空间。
仅仅整齐地摆放在一起并不是收纳的真正意义。

用书装饰出一个迷你图书馆

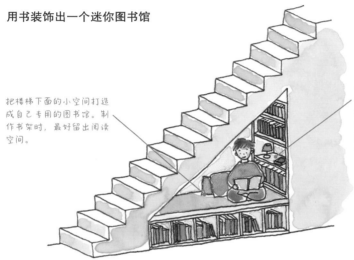

把楼梯下面的小空间打造成自己专用的图书馆。制作书架时，最好留出阅读空间。

在这里看书时的感觉与在客厅等其他地方不同。留出放照明和饮品的空间，使用起来会更加舒适。

帐篷也是室内装饰的一部分

最爱的登山或露营用具，可以直接收纳在支起来的帐篷里。

将自己喜爱的用具摆放得赏心悦目，使其成为室内装饰的一部分，这正是展示型收纳的妙趣所在。

专栏

让聚会成为整理房间的契机

相信每个人都希望拥有一个能随时迎接访客到来的"美丽之家"。然而现实中却很难实现。大家经常会在客人即将到访时手忙脚乱地把家中四处乱放的物品藏起来吧。

平时注意整理，不让房间变乱固然很重要，可如果没有形成一个全家人能合作整理房间的结构，负责整理房间的人会很辛苦。全家人一起整理房间的结构之一，便是创造符合自己生活模式的"整理房间的契机"。

☑ 可以在家中举办融入季节感的聚会

对我来说，最好的契机便是聚会。我们家定期会邀请别人来家中举办聚会，以此提高家人整理房间的意识。

逢年过节邀请亲朋好友来家中聚会时，我们都会准备很有季节感的装饰品，菜肴的选择方面也会定一个主题，使用当季的食材。气候宜人的时候，我们会在露台烧烤，而以孩子为主的聚会则会采取学习会的形式，大家一起合作装饰房间、做一部分菜肴。

我希望可以根据聚会成员和主题来打造舒适的空间，因此家里的布局一直处于方便改造的状态。家里尽量不摆放多余的家具，也不添置过多的物品。把家中整理好之后，那些季节性的装饰便会突显出来，即使没有聚会时，家中也充满了季节感。

☑ 富有季节感的美丽之家

我认为"美丽之家"并不是指单纯地将整个房屋都整理得井井有条，而是能很好地招待客人的家。以在生活中能够感受到季节的细微变化这种感性去招待客人，让家成为一个令自己、家人和客人都会感到非常舒适的空间。

遇到下雨、花粉季节以及需要外出等情况，无论如何都需要晾晒洗好的衣物时，家里有可以晾晒衣服的空间吗？

前段时间，我刚洗好衣服到外面准备晾晒，谁知天气预报不准，开始下雨了。结果洗好的衣服全淋湿了……

我在外面晾衣服之前也特别担心天气的问题，总是用手机查看当天的天气预报。

根本没办法预测突如其来的暴雨具体会在什么时候下。夏天的湿度还特别大，虽然想尽量在外面晾衣服，可还是在屋里晾晒比较安全。我住出租房屋的时候，屋里没有晾晒衣物的空间，我只能勉强把衣服挂在窗帘杆上。

能挂衣服的地方太少，为了晾衣服只能在家中四处都挂上衣服，这样收衣服的时候也很累。真希望家里能有专门晾干衣物的地方。

在室内利用挂杆+电风扇晾干衣物

在洗衣机上方或烫衣板旁边等死角位置安装挂杆，
打造出一个室内晾晒空间。

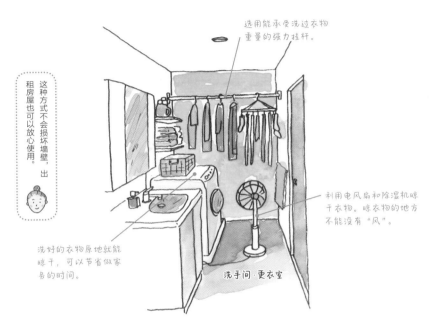

选用能承受洗过衣物重量的强力挂杆。

这种方式不会损坏墙壁，租房屋也可以放心使用。

利用电风扇和除湿机晾干衣物。晾衣物的地方不能没有"风"。

洗好的衣物原地就能晾干，可以节省做家务的时间。

洗手间·更衣室

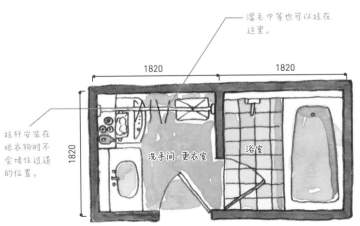

湿毛巾等也可以挂在这里。

1820　　　　1820

1820

挂杆安装在晾衣物时不会堵住过道的位置。

洗手间·更衣室　　浴室

155

将飘窗设计成晾晒空间

安装窗户时选择有一定深度的飘窗，
刚好可以用作晾晒衣物的空间。

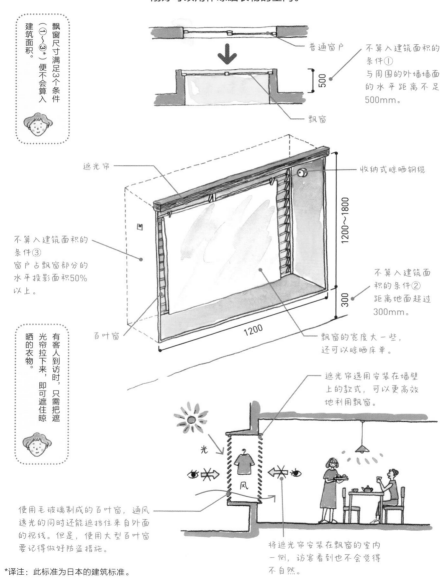

飘窗尺寸满足3个条件（①～③*）便不会算入建筑面积。

普通窗户

不算入建筑面积的条件①
与周围的外墙墙面的水平距离不足500mm。

500

飘窗

遮光帘

收纳式晾晒钢缆

1200～1800

不算入建筑面积的条件③
窗户占飘窗部分的水平投影面积50%以上。

不算入建筑面积的条件②
距离地面超过300mm。

300

百叶窗

1200

飘窗的宽度大一些，还可以晾晒床单。

有客人到访时，只需把遮光帘拉下来，即可遮住晾晒的衣物。

遮光帘选用安装在墙壁上的款式，可以更高效地利用飘窗。

光

风

使用毛玻璃制成的百叶窗，通风透光的同时还能遮挡住来自外面的视线。但是，使用大型百叶窗要记得做好防盗措施。

将遮光帘安装在飘窗的室内一侧，访客看到也不会觉得不自然。

*译注：此标准为日本的建筑标准。

将飘窗设计成双层窗户的晾晒空间

在飘窗靠近室内一侧安装内窗可以防止户外的空气侵入。
安装换气口可以加快衣物晾干的速度。

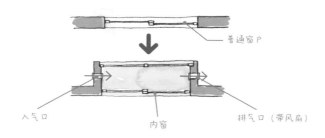

普通窗户

入气口

内窗

排气口（带风扇）

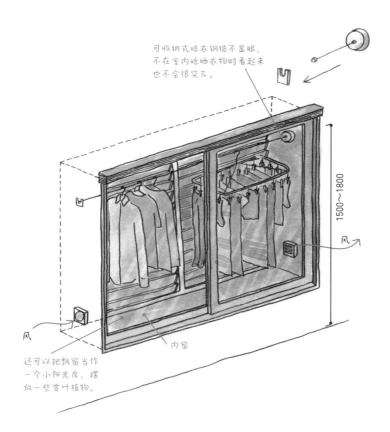

可收纳式晾衣钢缆不显眼，
不在室内晾晒衣物时看起来
也不会很突兀。

1500～1800

风

内窗

风

还可以把飘窗当作
一个小阳光房，摆
放一些赏叶植物。

钢缆安装在距地面1500～1800mm
的位置更便于晾晒衣物。

将日照充足的地方用作阳光房

阳光房在花粉季节等不想在户外晾晒衣物的时候非常方便。
另外也推荐在阳光房里熨衣服和小憩片刻。

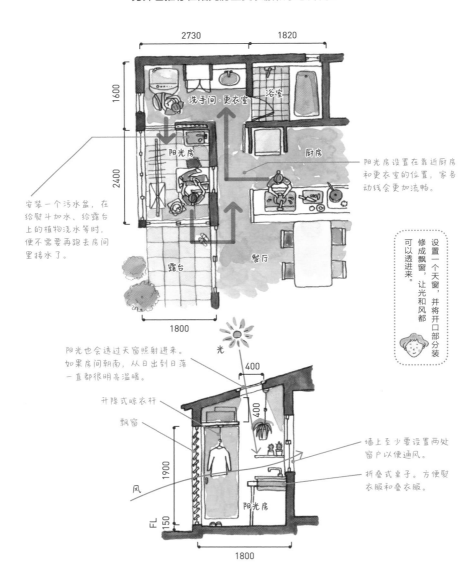

2730　　1820

1600

2400

洗手间・更衣室　　浴室

阳光房　　厨房

阳光房设置在靠近厨房和更衣室的位置，家务动线会更加流畅。

安装一个污水盆，在给熨斗加水、给露台上的植物浇水等时，便不需要再跑去房间里接水了。

露台　　餐厅

1800

设置一个天窗，并将开口部分装修成飘窗，让光和风都可以透进来。

阳光也会透过天窗照射进来。如果房间朝南，从日出到日落一直都很明亮温暖。

光

400

400

升降式晾衣杆

飘窗

1900

风

FL

150

阳光房

墙上至少要设置两处窗户以便通风。

折叠式桌子。方便熨衣服和叠衣服。

1800

晾晒衣物时

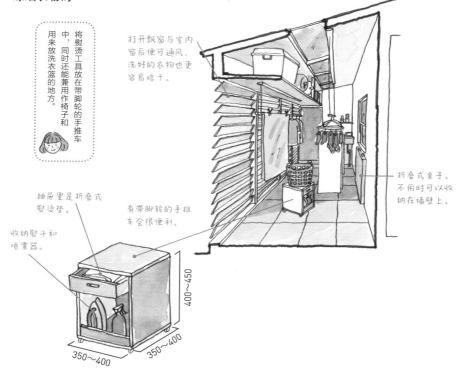

将熨烫工具放在带脚轮的手推车中，同时还能兼用作椅子和用来放洗衣篮的地方。

打开飘窗与室内窗后便可通风，洗好的衣物也更容易晾干。

折叠式桌子。不用时可以收纳在墙壁上。

抽屉里是折叠式熨烫垫。

有带脚轮的手推车会很便利。

收纳熨斗和喷雾器。

400~450

350~400   350~400

不晾晒衣物时

这里不仅夏天舒适，冬天太阳出来的时候也很温暖宜人。如果阳光过于刺眼，可以使用遮光帘。

将升降式晾衣杆收起来，视野便不会被遮挡了。

有室内窗，可以直接从厨房一侧把茶水放过来。

在客人来访时，阳光房还可以作为大家一起喝茶放松的地方。

在晾衣杆上悬挂植物，把晾衣杆变成一个室内装饰。

把折叠式桌子支起来，便成了一个休闲放松的空间。

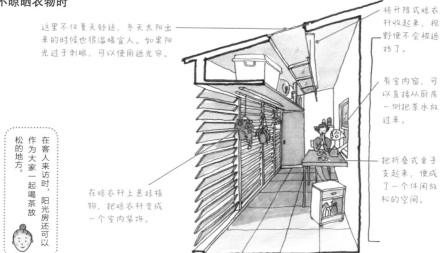

洗好的衣物需要阴干时的阳台阳光房

在阳台安装架子和窗帘，打造出一间可以抵御小风雨的阳台阳光房。
还不必担心会被外面的人看到。

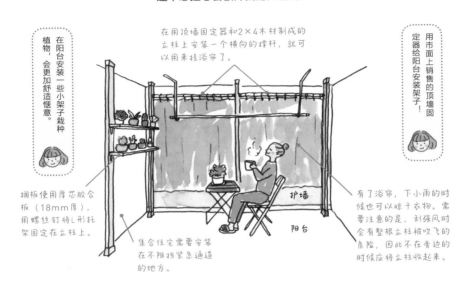

在阳台安装一些小架子栽种植物，会更加舒适惬意。

在用顶墙固定器和2×4木材制成的立柱上安装一个横向的撑杆，就可以用来挂浴帘了。

用市面上销售的顶墙固定器给阳台安装架子！

搁板使用厚芯胶合板（18mm厚），用螺丝钉将L形托架固定在立柱上。

集合住宅需要安装在不阻挡紧急通道的地方。

有了浴帘，下小雨的时候也可以晾干衣物。需要注意的是，刮强风时会有整根立柱被吹飞的危险，因此在不需要的时候应将立柱收起来。

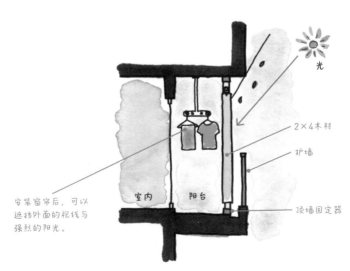

安装窗帘后，可以遮挡外面的视线与强烈的阳光。

光

2×4木材

护墙

顶墙固定器

室内　阳台

家里平时使用几种清洁剂?
减少物品数量,让收纳变得更简单

　　市面上有许多不同用途的清洁剂。我以前也受制于既然有不同用途的清洁剂,就要按照用途分开使用的固有观念,买了很多不同类型的清洁剂。孩子出生以后,又买了儿童专用的沐浴皂、洗发水、洗衣液等。除此之外,还有洗衣物的专用清洁剂包括备用品在内共计37瓶。结果自然是无处收纳了。

　　这时候,我遇到了一本书,知道了"清洁剂统一化"。"清洁剂统一化"是指不使用各种专用清洁剂而是统一使用同一种清洁剂。相当于清洁剂的断舍离。我觉得这个想法很不错,便马上开始在家中实践了。

☑ 虽然没做到彻底的统一化,但也成功削减了清洁剂的数量

　　一般而言,洗掉污渍用肥皂即可。只要有一瓶天然成分的液体肥皂,不仅可以用来清洗衣物和餐具、打扫房间,还可以用来洗身体、脸、头发和手。这对肌肤和环境来说都很好,简直毫无缺点。

　　然而,要做到这种程度难度着实太高了。实践过后可能会觉得洗后的效果不是很满意,比如头发毛躁、餐具上残留着些许油渍之类。

　　我们家现在清理身体、脸、手、衣物和房间统一使用肥皂,头发和餐具使用专用清洁剂。清洁剂种类少了之后,备用的库存整理起来轻松了许多,收纳所需要的空间小了,不会再出现买重复的情况。大家可以先从稍微减少一些备用库存开始。

☑ 物品脏了要随时清洗

　　污渍会随着时间变得很难用肥皂洗净。脏了之后立刻清洗,是绝对的法则。我太依赖专用的清洁剂,都没怎么意识到过去人们都是这样做的。养成习惯之后便不会觉得这样做很辛苦了。而且我在意识到这在过去是理所当然的事情之后,感觉自己清醒了许多。

3

优质收纳技巧

没有地方摆放当季的装饰品

摆在哪里好呢……

在没有和室和壁龛的现代住宅，摆放女儿节人偶或当季的鲜花，
看起来总是和整个房间不搭。

 我朋友家有个上小学的女儿，春天的时候我去她家帮忙
摆放女儿节人偶，却发现人偶摆在客厅里看起来很突兀。

 日本以前的住宅里都有壁龛，当季的装饰只要摆放在壁
龛里就好了。可如今，大部分人的家里都没有壁龛了。

 如果在客厅里安装一个专门的架子去摆放装饰品，房间
会变小，而且和现代的装修也不搭。到底怎样才能装饰
得很漂亮呢？

 最好能有一个专门用于摆放装饰品的地方。

 除了女儿节人偶，如果每逢节日摆放一些装饰或当季的
鲜花，该有多好呀！

*译注：女儿节人偶是日本有女儿的家庭每逢女儿节（3月3日）摆放在家中的一种日式人偶。

日本住宅在过去有专门的会客室

日本的老宅有专门用来招待客人的会客室。
会客室的壁龛中常常装饰着当季的画卷与鲜花。

现在住宅中的和室越来越少。但是我们可以在日常生活中打造出一间别致的房间，让这个房间成为家人可以在此放松的舒适空间。

"床置"，是日本壁龛的一种形式。可直接置于地板上，有可移动式，也有固定式。只要有一块高品质的板材，无论是面积较小的住宅还是公寓，都可以打造出一个类似壁龛的空间。

利用简单创意让家变整洁

将书架用作装饰架

想在客厅装饰女儿节人偶，可以利用现有的家具。

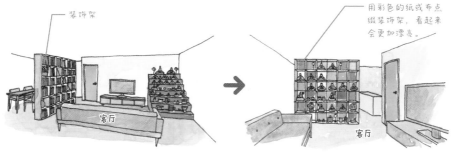

将7层的女儿节人偶装饰在客厅的一角，不仅看起来与现代风格的客厅格格不入，房间也会变得很狭窄。

摆放在平时使用的柜子上，不仅可以完美地融入客厅，还能顺便整理一下柜子，真可谓是一石二鸟之计。

自己动手让家变整洁

收纳盒兼装饰柜

季节性装饰需要收纳起来的时间比较长。像分层装饰的女儿节人偶，需要很大的收纳空间。不如借此机会制作一个可以兼用作装饰柜的收纳盒吧。

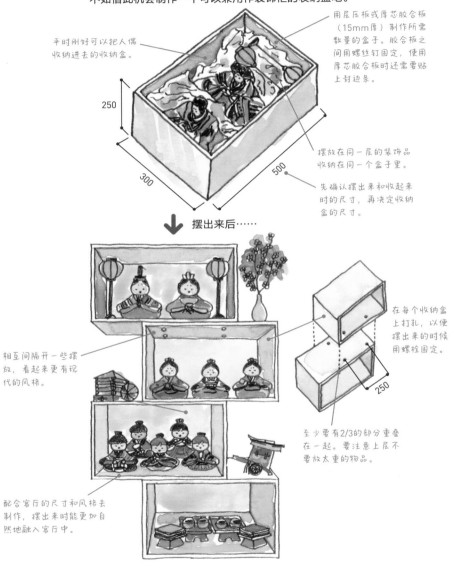

用层压板或厚芯胶合板（15mm厚）制作所需数量的盒子。胶合板之间用螺丝钉固定，使用厚芯胶合板时还需要贴上封边条。

平时刚好可以把人偶收纳进去的收纳盒。

250

300

500

摆放在同一层的装饰品收纳在同一个盒子里。

先确认摆出来和收起来时的尺寸，再决定收纳盒的尺寸。

摆出来后……

相互间隔开一些摆放，看起来更有现代的风格。

在每个收纳盒上打孔，以便摆出来的时候用螺栓固定。

250

至少要有2/3的部分重叠在一起。要注意上层不要放太重的物品。

配合客厅的尺寸和风格去制作，摆出来时能更加自然地融入客厅中。

利用空间布局让家变整洁

制作现代风格的壁龛

在面积较小的住宅中也不会占用很大的空间，还很适合西式装修风格。
来打造一个能代替壁龛的空间吧。关键点有3个。
只要选择与装饰架相配的季节性装饰物，收纳起来也会更加轻松。

**制作
装饰架**

· 安装在主墙壁上
· 架子分为上下2层

**准备
背景**

· 在墙面上留白
· 根据需要制作背景

**用灯光
做效果**

· 突显装饰品的
聚光灯

 在此基础上摆放女儿节人偶……

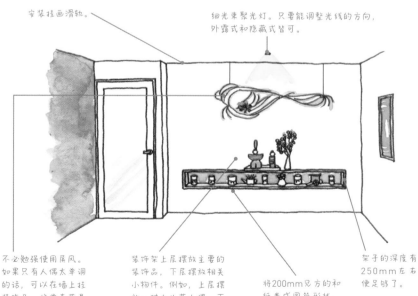

安装挂画滑轨。

细光束聚光灯。只要能调整光线的方向，外露式和隐藏式皆可。

不必勉强使用屏风。如果只有人偶太单调的话，可以在墙上挂装饰品。将常春藤悬挂起来，再在上面固定一个花瓶，里面插上当季的花。

装饰架上层摆放主要的装饰品，下层摆放相关小物件。例如，上层摆放一对女儿节人偶，下层摆放上色的玩具、女儿节糖米糕等。

将200mm见方的和纸卷成圆筒形状，然后在里面放入LED的蜡烛，可以制作出雪洞灯风格的小灯。

架子的深度有250mm左右便足够了。

没有地方摆放个人收藏品

收藏者本人倒是无所谓，如果随处看到摆放着的收藏品，
总是会分心，打扫起来也很麻烦！

 我朋友说她家客厅里到处都摆放着她丈夫收藏的模型，
问我能不能想想办法。据说她每次跟丈夫商量可不可以
少摆一些，现在这样不好打扫，她丈夫总是把她的话当
耳旁风。

 收纳个人的收藏品还挺难，用专用的柜子收纳如何？

 她说家里太小了，不想买专门用来摆模型的玻璃柜。

 说起来我家也有类似的情况，孩子的迷你汽车模型越来
越多。摆出来太乱了，我就全部收到收纳盒里了。

 毕竟是自己喜欢的收藏品，希望可以在不造成任何困扰
的情况下摆出来。

自己动手让家变整洁

在走廊设置收藏墙

居住空间里有一个体积很大的玻璃柜会觉得很不踏实，
收藏品四处摆放，打扫起来也很麻烦。
不如在走廊里设置一个深度比较浅的架子吧。

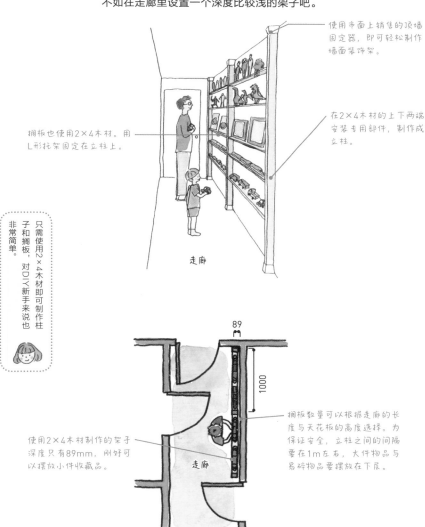

使用市面上销售的顶墙固定器，即可轻松制作墙面装饰架。

在2×4木材的上下两端安装专用部件，制作成立柱。

搁板也使用2×4木材。用L形托架固定在立柱上。

走廊

只需使用2×4木材即可制作柱子和搁板，对DIY新手来说也非常简单。

89

1000

走廊

使用2×4木材制作的架子深度只有89mm，刚好可以摆放小件收藏品。

搁板数量可以根据走廊的长度与天花板的高度选择。为保证安全，立柱之间的间隔要在1m左右，大件物品与易碎物品要摆放在下层。

167

想和宠物一起享受舒适生活

与能够治愈内心的宠物一起生活，少不了笼子和宠物厕所，
可又不想因此放弃房间的舒适感。

 我打算等孩子长大一些后养只宠物。嘉子，我听说你家养狗，我想问一下养狗需要很大的空间吗？

 我们家是把笼子放在客厅，看起来特别压抑。

 宠物的食物和宠物厕所的备用品也挺占地方的吧？养猫还必须留出用来磨爪子和爬高玩耍的空间吧。

 没错。而且放在客厅里还会有味道。

 能不能通过改良饲养方式来让人和宠物都能享受舒适生活呢？

基础知识 1

必要的空间

宠物窝、宠物厕所、吃饭的地方、玩耍的地方是养宠物必不可少的4个空间。
为了保证彼此都很舒适，最理想的状态是人与宠物之间的距离不要太远也不要太近。

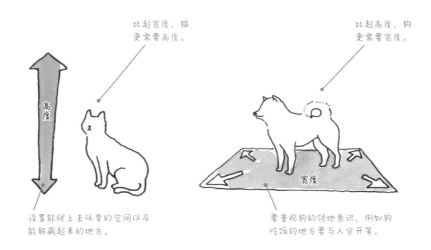

比起宽度，猫更需要高度。

比起高度，狗更需要宽度。

设置能爬上去玩耍的空间以及能躲藏起来的地方。

要重视狗的领地意识，例如狗吃饭的地方要与人分开等。

基础知识 2

需要收纳的物品都集中在一个地方

不同宠物所需要的必备物品也各有不同，
最关键的一点是要将物品集中放在使用地点附近的一个地方。

· 食物（储备1—2个月的量）
· 厕所用具（尿片、猫砂等）
· 护理用具（刷子、指甲刀、牙刷等）
· 扫除用具（扫帚、簸箕、粘毛器等）
· 散步用具（牵引绳、塑料袋、水瓶、
　宠物外出包等）

自己动手让家变整洁

活用壁柜　～犬篇～

有效利用空间营造一个沉稳的环境吧，
在吊柜里放入清洁用品，照顾宠物也会方便轻松很多。

扫除工具和备用品放在顶柜里。

壁纸使用抗污渍和气味的布皮墙纸。另外还有宠物专用的壁纸。

拆除壁柜的拉门，用自己动手制作的工具卸掉中层隔板。

上层还可以增加收纳空间。但是一定要注意做好防止上层掉下来的措施，且必须安装带磁铁锁扣之类可以紧紧关上的门，防止里面的物品掉下来。

围栏可以使用宠物专用的护栏。也可以在切割好的栅栏或篱笆上安装平合页与螺丝钉，这样便可以在喜欢的位置制作可开关的部分了。

地板使用瓷砖或软木等不易脏、不易划伤材料。

自己动手让家变整洁

活用壁柜　～猫篇～

将壁橱的书间隔板和底板拿掉，将高度留出来。
在橱架上随机放置木板，猫梯设计完成。

保留门楣，猫可以在上面散步。

安装柱子，然后用托架在柱子上安装可移动式搁板（厚度为18mm的厚芯胶合板）。

墙面和地板使用不易划伤且能够吸收和分解气味的材料。

下面的推车里可以收纳猫砂和扫除工具（参见第130页）。

下层使用24mm厚的胶合板制作固定式架子，用于收纳推车。

将抽屉的高度缩小一些，还可以安装脚轮。

170

活用楼梯下方的空间 ～犬篇～

还可以将楼梯下方的空间打造成狗的居所。
全部空间都在墙面内，不需要在室内安装看起来很碍眼的护栏。

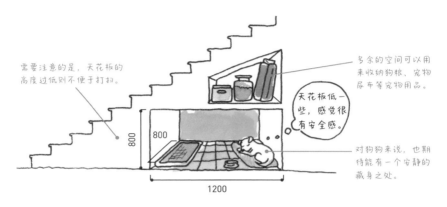

需要注意的是，天花板的高度过低则不便于打扫。

多余的空间可以用来收纳狗粮、宠物尿布等宠物用品。

天花板低一些，感觉很有安全感。

对狗狗来说，也期待能有一个安静的藏身之处。

800

800

1200

活用电视墙背后的空间 ～猫篇～

人和宠物都能放松休息的客厅。
将电视挂在墙上，墙后作为猫上厕所的空间。

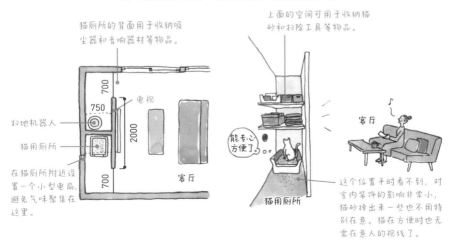

猫厕所的背面用于收纳吸尘器和音响器材等物品。

上面的空间可用于收纳猫砂和扫除工具等物品。

电视

扫地机器人

猫用厕所

750

2000

700

700

在猫厕所附近设置一个小型电扇，避免气味聚集在这里。

能专心方便了。

客厅

客厅

猫用厕所

这个位置平时看不到，对室内装饰的影响非常小，猫砂掉出来一些也不用特别在意。猫在方便时也无需在意人的视线了。

3
优质收纳技巧

171

TSEKKEISHA SHUFU GA OSHIERU KATAZUKU SHUUNOU IDEA
© MARIKO ITO & EMIKO KUDO & YOSHIKO MIKI 2019
Originally published in Japan in 2019 by X-Knowledge Co., Ltd.
Chinese (in simplified character only) translation rights arranged with
X-Knowledge Co., Ltd. TOKYO,
through g-Agency Co., Ltd, TOKYO.

侵权举报电话

全国"扫黄打非"工作小组办公室　　　　中国青年出版社
010-65233456　65212870　　　　　010-59231565
http://www.shdf.gov.cn　　　　　　　E-mail: editor@cypmedia.com

图书在版编目（CIP）数据

拯救小户型：空间解剖收纳术/（日）伊藤茉莉子，（日）工藤绘美子，（日）三木嘉子著；汪婷译. --北京：中国青年出版社，2021.8
ISBN 978-7-5153-6425-4

I.①拯... II.①伊... ②工... ③三... ④汪... III.①家庭生活-基本知识 IV.①TS976.3

中国版本图书馆CIP数据核字（2021）第096049号

版权登记号：01-2021-2384

拯救小户型：空间解剖收纳术

[日]伊藤茉莉子　[日]工藤绘美子　[日]三木嘉子/著
汪婷/译

出版发行：中国青年出版社
地　　址：北京市东四十二条21号
邮政编码：100708
电　　话：(010)59231565
传　　真：(010)59231381
企　　划：北京中青雄狮数码传媒科技有限公司

策划编辑　张　军
责任编辑　石慧勤　曾　晟　杨佩云
书籍设计　乌　兰

印　　刷：北京建宏印刷有限公司
开　　本：880 x 1230　1/32
印　　张：5.5
版　　次：2021年8月北京第1版
印　　次：2021年8月第1次印刷
书　　号：ISBN 978-7-5153-6425-4
定　　价：79.80元

本书如有印装质量等问题，请与本社联系
电话：(010)59231565
读者来信：reader@cypmedia.com
投稿邮箱：author@cypmedia.com
如有其他问题请访问我们的网站：http://www.cypmedia.com